森林与草原火灾监测预警的信息学基础

设计者和应用者视角

▶ 王耀力 著

SENLIN YU CAOYUAN
HUOZAI JIANCE YUJING DE
XINXIXUE
JICHU

化学工业出版社
·北京·

内容提要

本书主要讨论了在林草火灾监测预警技术与系统研究中，以计算智能及机器人技术为信息学基础的理论与应用等。全书共 10 章，以作者主导的实验室多年来研究与教学成果为主线，通过监测预警系统设计者与应用者视角，论述了以计算视觉与计算智能为基础的林草火灾预警系统之传感器布局方法、林草火灾影像智能监测技术等。同时对系统涉及的旋翼式飞行器、轮式机器人等机器人技术从系统架构设计、形式化表达方法、运动学建模等方面做了阐述。书中还讨论了作者团队在林草监测实际应用中旋翼飞行器抗风干扰设计的技术进展以及火环境建模方面的成果，并结合作者的"全国工程专业学位研究生教育"研究生教改项目，探讨了林草火灾监测预警用机器人研发人才培养的教学模型。本书各章（除绪论外）后均有思考题，适于从事林草火灾监测预警系统的设计与应用的专业人员、林学与草原学等专业研究人员和研究生阅读参考。

图书在版编目（CIP）数据

森林与草原火灾监测预警的信息学基础：设计者和应用者视角/王耀力著. —北京：化学工业出版社，2020.8
ISBN 978-7-122-37084-6

Ⅰ. ①森…　Ⅱ. ①王…　Ⅲ. ①信息技术-应用-森林火-火灾监测②信息技术-草原保护-火灾监测　Ⅳ. ①S762-39②S812.6-39

中国版本图书馆 CIP 数据核字（2020）第 085996 号

责任编辑：邵桂林　　　　　　　　　　　　装帧设计：史利平
责任校对：刘　颖

出版发行：化学工业出版社（北京市东城区青年湖南街 13 号　邮政编码 100011）
印　　装：涿州市京南印刷厂
710mm×1000mm　1/16　印张 16¾　字数 235 千字　2020 年 8 月北京第 1 版第 1 次印刷

购书咨询：010-64518888　　　　　　　售后服务：010-64518899
网　　址：http://www.cip.com.cn

定　　价：85.00 元

我国机器人的研究发展任重道远丘精神，希望今后有更多的像林草火灾监测预警方面等前沿交叉学科研究成果司促进我国机器人与智能制造的人才培养与产业发展。

王田苗

北京航空航天大学

2020 年 6 月

序

随着科技不断发展，无论是工业是服务机器人、特种机器人，都已从实验室走进工厂、社会、家庭，并改变着。 前沿多学科交叉融合进步是先进机器人技术进入工业和我们生活各个领域之一。 很高兴看到《森林与草原火灾监测预警的信息学基础》一书即将出是对机器人、人工智能理论与技术和森林防火学等多学科交叉融合方面研究展现。

我们常说，机器人应该去干人金的事。 该书作者从参与火险巡检、火灾消防救援等应用领域的林业生态处手，论述在环境复杂恶劣、林地沟壑纵横，以及不规则分布的自生林与人境中，以及救灾现场林区上空复杂空气动力学特征等条件下，如何从信息设计智能机器人，解决用机器人代替人从事繁重与危险工作的问题。

该书作者从事的研究紧密结测预警实际情景，在自主机器人架构设计、基于云计算系统的形式化验人研发人才培养等方面做了较深入的研究，并在自主机器人系统的表达三个层次与林草火灾监测预警系统需求、语义、实现三个层次云同构与形有着独到见解。 书中结合旋翼式与轮式机器人在森林防火、生态环境监测风扰信息结合在旋翼式飞行器控制模型风扰估算当中，为风扰环境下实制器设计提供了新思路。 作者对林区轮履、腿轮复合式机器人的共性部实体机身尺度约束在运动避障、在线建图的实际应用优化做了很好的分析

作者从系统初始建模论述开与应用角度，告知读者现有机器人及其应用系统是如何从基础设计到顺 这个过程同我们人类的学习过程一样，是一个结合应用需求、不断修改

前　言

　　林草火灾监测预警技术与系统是多学科发展与融合的产物。据作者不完全统计，以森林防火为关键词，使用 CNKI 中文检索，在检索出的 836 篇文章中，涉及可燃物研究的，1964—2019 年有 491 篇，占比为 58.73%；其次是视频监控研究的有关论文，2004—2019 年，共 104 篇，占比为 12.44%；排在第三位的是无人机相关论文，2006—2019 年有 67 篇，占比为 8.01%；第四位为传感器，从 1995—2019 年有 43 篇，占比为 5.14%；随后依次为气象站、FWI、林分结构、土壤、火模型、生态站等。从以上统计不难看出，我国森林防火研究一半以上的成果源于林业工作者对燃烧对象，即可燃物的燃烧机理、传播途径、环境影响等所做的长期深入细致的研究，而对火灾预警监测所采用的观测手段(如信息采集用的传感器，包括无人机、视频监控等)、处理方法(如机器学习与人工智能等)以及控制技术等方面的研究，则受限于现代信息技术进展以及机器人技术、人工智能理论在森林防火研究的多学科交叉融合程度。

　　为此，本书尝试从林草火灾监测预警的信息采集、处理与控制流程等方面，对林草火灾监测预警系统进行边界划分，以作者主导的太原理工大学智能感知与安全架构实验室近年来的研究成果为叙述主线，以系统设计者与应用者视角，探讨计算智能与机器人等现代技术在林草火灾监测预警的应用与科技创新。林草火灾监测预警多学科交叉融合的关键在于培养多学科创新人才，因此在本书的最后章节，笔者以普通高校电子类研究生从事机器人技术理论研究为例，以满足学习研究与工程实践自主机器人需求为目标，从机器人设计研发等环节在人才培养方面进行了探讨，给出了相应教学模型。

　　本书通过深入剖析林草火灾监测预警系统的组成原理与应用实例，讨论了林草火灾监测预警技术与系统中，以计算智能及机器人技术为信息学基础的理论与应用等方面的研究内容。全书共 10 章，各章主要内容安排如下。

　　第 1 章：介绍林草火灾监测预警理技术研究背景。

　　第 2 章：介绍了林草火灾的概念与研究范畴，林草火灾监测预警的分类、技术发展方向及以应用者和设计者视角的监测预警信息系统设计流程，包括需求分析、业务与系统云架构等内容。

第 3 章：介绍了以子模优化为基础的 IoT 无线传感器布局与信息传输方案，并给出适合林草火灾早期预警的大规模无线传感器部署与信息传输方法。

第 4 章：讨论了计算视觉技术在林草火灾影像监测中的研究与应用成果。重点介绍了多分辨烟雾影像的神经网络识别与迁移学习方案。

第 5 章：介绍以前馈神经网络为基础多层感知机在林草火灾监测预警中的应用，重点介绍了森林火险气象指数系统所涉及参数的空间插值技术。

第 6 章：介绍林草火灾监测预警系统业务与系统架构和自主机器人系统云计算架构之间的同构关系。重点介绍基于表达层视觉的机器人系统感知、认知以及执行的原理与方法。

第 7 章：着重讨论在风环境下旋翼飞行控制器抗干扰设计方面研究工作。

第 8 章：以林内机器人常用形态之一的轮式机器人为研究对象，重点讨论机身尺度约束下的轮式机器人原型设计方案。根据林内环境的差异性避障需求，解决不同尺度轮式机器人的设计问题；然后讨论轮式机器人的虚拟仿真与算法验证。

第 9 章：通过讨论基于云计算的信息系统抽象模型及其架构，构造了基于云计算的林草火灾监测预警系统架构模型，实现了形式化验证。然后讨论了半形式化语言构造的业务流程的验证，以及多线程程序的形式化验证。

第 10 章：解决高等院校电子类研究生从事机器人系统理论研究与应用开发时，如何快速构建机器人技术信息学基础的教学方法与手段，并给出了教学模型。

笔者要感谢所有为本书出版付出过辛勤劳动、给予支持与鼓励的人们。

特别感谢太原理工大学智能感知与安全架构实验室的全体同仁，是你们的辛勤工作与无私奉献才有了作者研究总结的系统性基础研究成果。感谢团队初创时我的同事常青博士、武淑红博士、李铁鹰教授，是大家的加入形成了结合信息、计算机与自动化的机器人学科的研究基础团队。特别感谢王田苗教授在作者团队初创时及发展过程中给予的关键指导与无私帮助。感谢百人计划特聘教授王力波博士的加盟，为团队今后人工智能理论与应用的研究奠定了坚实的基础。同时感谢英国布鲁内尔大学李茂贞教授在高性能计算与迁移学习研究方面给予的具体指导。感谢实验室研究生谢晓娟、段宇君、卫鑫、刘晓慧、王亚琴、杨春霞、杨芳君、赵元魁、晁斌、陆建伟、李凌燕、李凯宁、高飞等人的工作，还包括刘鑫、郝慧琴、潘长城、李方良、王克丽、李燕、李航、张承秀、侯玉涵、牛丽丽、薛艳、牛慧敏、刘安睿劼、姜海涛、王秀、王涛、王飞等研究生所做的大量基础研究工作。

感谢中国林业科学研究院舒立福研究员，北京林业大学刘晓东教授、田呈明教授，山西省林业科学研究院郭学斌教授、孙永明教授等专家学者，是你们的基础研究与专业指导帮助笔者实验室实现了在森林防火研究的多学科交叉融合，对此再次表示衷心的感谢。

最后深深感谢我的家人，没有你们的鼓励、陪伴与辛勤付出，笔者是不可能顺利完成本书的。

尽管笔者力求做到对全书内容做严谨与科学论述，但限于技术进展，加之笔者水平有限，书中疏漏之处在所难免，敬请读者批评指正。

王耀力

2020 年 6 月

目 录

森林草原（本文简称林草）火灾是一种突发性强、破坏性大、危险性高、处置困难的自然灾害。林火灾后造成土壤物理性质劣化、养分流失、微生物数量减少以及对林分结构、森林生态系统的破坏、地球大气环境等的不可逆损害等，因此森林火险早期预警对遏制林火的发生发展有着重要现实意义。

森林草原火险预警监测体系是我国灾害监测预警建设的七大体系之一。据作者不完全统计，截至 2020 年 2 月，以森林草原防火为关键词，按发表成果数量多少从大到小排序，依次为涉及可燃物、视频监控、无人机、气象站、FWI、林分结构、土壤、火模型、生态站等。

本文将林草火灾的燃烧过程大致划分为：①可燃物与火环境等燃烧条件尚未形成火源的未燃阶段，其特点是尚未有可观测的烟及明火生成；②可燃物与火环境等燃烧条件形成火源的燃烧初期阶段，其特点是有可观测的烟及明火生成；以及③可燃物燃烧火源的燃烧蔓延发展阶段等三个时期阶段。

我国林业工作者对林草火灾燃烧过程②、③阶段做了深入细致的研究，如对燃烧对象[1~4]，即可燃物的燃烧机理[5~6]、传播途径[7~8]、环境影响[9]等，涵盖了一半以上的研究成果。目前火险预警监测成果所常采用的视频监控手段，如无人机、瞭望塔式视频监控等，也主要针对②、③阶段防火需求的观测手段。

对林草火灾燃烧过程①阶段的研究主要集中于研究反映可燃物与火环

境特征的无线传感器布局与传输方面。近期的研究重点与难点是如何用较少数量的传感器布设于大面积林草区域，并可靠有效地测量林草区域内与火险预警相关的多源感知参数数据[10~12]。

为此，本书根据林草火灾监测预警技术研究范畴，从感知、认知、执行等多学科交叉融合的领域知识视角，对林草火灾监测预警系统边界进行划分；将系统分为被监测对象或燃烧对象（Plant）、感知或传感器（Sensors）、控制器（Controller）以及执行机构（Action）等四个子系统部分；由研究侧重点不同的各部分内容共同构成完整的林草火灾监测预警系统。

有了四个子系统边界，我们就可以区分与系统关联的人与物。首先可以区分系统设计者与应用者。系统应用者位于系统边界外，使用系统所提供的功能完成特定目标。而系统设计者则是分析系统应用者对系统的需求，并将应用需求转换为系统功能与相关技术指标。因此，所谓监测预警系统应用者视角，是指以使用者或应用者的角度或观点对监测预警系统的要求或需求。而监测预警系统设计者视角，则是指以设计者的角度或观点分析系统应用者对系统的需求，并将应用需求转换为系统功能与相关技术指标。我们将此研究观点贯穿于本书章节写作中。

本书内容按照林草火灾监测预警系统前端构成、火环境模型、自主机器人架构设计、基于云计算系统的形式化验证，以及机器人研发人才培养机制的顺序展开。

林草火灾监测预警系统前端构成分为无线传感器布局和基于视觉影像的智能监测两个部分。无线传感器布局重点讨论了以子模优化机制为基础的无线传感器网络布局与传输理论，同时介绍子模优化机制应用于林草监测预警的理论与工程实施方面的研究成果[10~11]。基于视觉影像的智能监测则分别从基于深度卷积网络林草烟雾影像检测[13]与基于关联域林草烟雾影像迁移学习[14]两方面入手，着重阐述提取烟雾运动与空间特征，以及针对火灾烟雾数据集获取困难且相对较小，而现有森林火灾烟雾检测模型过度依赖场景样本数据、训练参数过多以及训练时间过长等问题的解决方案。

火环境模型部分则针对 FWI 系统要求高分辨率气象数据实际需求，

以山西省气象站点气温数据为例，讨论我们在林火气象空间插值方面提出的新方法与新模型[15~16]。

自主机器人架构设计部分包括架构设计以及旋翼式与轮式机器人两种实现形态。自主机器人架构设计讲述了先进机器人架构[17]是如何把感知、认知、行动等涉及的多种构件模块与信息传送机制有机结合为适合云计算的构件与消息机制的。着重讨论自主移动机器人感知、认知、行动等涉及的数学模型及算法设计，讨论基于视觉的感知系统数学建模方法，以及两种以前馈神经网络为基础的神经网络模型[18]在移动机器人路径规划和飞行控制方面的建模应用。

自主机器人旋翼式飞行器实现形态是从林草防火实际需求出发，着重讨论在风环境下旋翼飞行控制器抗干扰设计方面的研究成果[19]，重点研究旋翼飞行系统表达层数学建模原理。

自主机器人轮式实现形态则以林内机器人常用形态之一的轮式机器人为研究对象，从运动学建模为起点，重点讨论机身尺度约束下的轮式机器人原型设计方案，即根据林内环境的差异性避障需求，解决不同尺度轮式机器人的设计问题；然后讨论轮式机器人的虚拟仿真与算法验证[20~23]。

基于云计算系统的形式化验证是通过讨论基于云计算的信息系统抽象模型及其架构，建立基于可计算架构的问题求解模型；并在问题求解模型的基础上，将基于云计算的林草火灾监测预警系统架构模型构造成符合并行处理和资源虚拟化的云计算本质特征模型，并实现该模型的构件化，最终形成可实现形式化验证的基础模型[24-28]。该基础模型可同时泛化于自主机器人架构与林草火灾监测预警系统架构。

机器人研发人才培养机制是以笔者已结题的全国工程专业学位研究生教育指导委员会研究项目[29]为主线，介绍作者根据现阶段普通高校大学本科教育实际情况，从研究生教育入手，探讨如何兼顾理论与实践应用，在已初步具备了信息理论基础知识前提下，为电子类研究生补充或巩固机器人产业方面基础理论知识，并归纳总结通用程度较强教学模型与实践模式方面研究心得体会，使未来研发者，包括未来林业机器人研发人员能尽快融入我国机器人产业开发生产过程中。

　　全书以一个架构，即基于云计算的架构；两种视角，即设计者与应用者视角；三个层面，即需求层、语义层、实现层三个层面，以及与之同构的表达层、算法层、实现层三个层面；深入剖析林草火灾监测预警方法与实现手段，其中涉及以计算智能及机器人技术为信息学基础的理论与应用等诸方面研究内容。

参考文献

[1] 舒立福，刘晓东．森林防火学概论［M］．中国林业出版社，2016．

[2] 田晓瑞，舒立福，赵凤君，等．气候变化对中国森林火险的影响［J］．林业科学，2017，53（7）：159-169．

[3] 杨光，腾跃，舒立福，等．"一带一路"沿线区域森林原防火概述［J］．世界林业研究，2018，31（6）：82-88．

[4] 傅天驹，郑嫦娥，田野，等．复杂背景下基于深度卷积神经网络的森林火灾识别［J］．计算机与现代化，2016，（3）：52-57．

[5] 何诚，舒立福，张思玉，等．大兴安岭森林原地下火阴燃特征研究［J］．西南林业大学学报，2019-12-04．

[6] 尹赛男，单延龙，宋光辉，等．不同粒径腐殖质火垂直燃烧特征研究［J］．中南林业科技大学学报，2019，39（10）：95-101．

[7] 于宏洲，舒立福，邓继峰，等．以小时为步长的大兴安岭典型林分地表死可燃物含水率模型预测及外推精度［J］．应用生态学报，2018，29（12）：3959-3968．

[8] 靳全锋，沈培福，黄海松，等．基于MCD45A1的我国大陆地区草地火时空格局分析［J］．江苏农业科学．2019，47（04）：264-268．

[9] 宋蝶，杨艳蓉，王圣燕，等．我国西南森林雷电环境研究——以四川木里为例［J］．安徽农业科技，2019，47（4）：219-223．

[10] 谢晓娟，王耀力．基于CVaR子模效益模型的传感器布局优化［J］．微电子学与计算机，2020，37（1）：14-19．

[11] Yaoli Wang，Yujun Duan，Wenxia Di，et al. Optimization of Submodularity and BBO-based Routing Protocol for Wireless Sensor Deployment［J］．Sensors，2020，20（5），1286

[12] 赵鹏程，张福全，杨绪，等．基于可视化的森林火灾监测节点优化部署策略［J］．山东大学学报，2019，49（1）：30-35．40．

[13] 卫鑫，武淑红，王耀力．基于深度卷积长短期记忆网络的森林火灾烟雾检测模型［J］．计算机应用，2019，39（10）：2883-2887．

[14] Yaoli Wang，Maozhen Li，Wenxia Di，et al. Deep Convolution and Correlated Manifold Embedded Distribution Alignment for Forest Fire Smoke Prediction，Computing and Informatics，2020，39（1）：1-21．

［15］　王亚琴，王耀力，郭学斌，等 . 基于直连 BP 神经网络模型的森林火险预测［J］. 森林防火，2018，(2)：41-45，54.

［16］　Yaoli Wang，Lipo Wang，Qing Chang，et al. Effects of direct input-output connections on multilayer perceptron neural networks for time series prediction［J］. Soft Computing，2020，24 (1)：4729-4738.

［17］　王田苗，刘达，胡磊 . 医用外科机器人［M］. 科学出版社，2019.

［18］　Yaoli Wang，Lipo Wang，Fangjun Yang，et al. The effect of direct input-to-output connections on Elman neural networks for stock index prediction［J］. Information Sciences，2020，4.

［19］　赵元魁，王耀力 . 风场环境下四旋翼飞行器抗干扰研究［J］. 机械科学与技术，2019，38（4）：530-537.

［20］　李凌雁，常青，王耀力 . 室内机器人服务目标避障路径优化仿真［J］. 计算机仿真，2018，35（1）：301-305，336.

［21］　陆建伟，王耀力 . 基于 ORB-SLAM2 的实时网格地图构建［J］. 计算机应用研究，2019，36（10）：3124-3127，3131.

［22］　刘安睿劼，王耀力 . 基于轮式机器人的实时 3D 栅格地图构建［J］. 计算机工程与应用，2019-06-28，http://kns. cnki. net/kcms/detail/11. 2127. TP. 20190627. 1738. 011. html.

［23］　王飞，王耀力 . 基于 ORB-SLAM2 的三维占据网格地图的实时构建［J］. 科学技术与工程，2020，20（1）：239-245.

［24］　王耀力 . 基于云架构的存储信息系统研究［D］. 博士论文 . 太原理工大学，2012.

［25］　王耀力，张胜，张刚 . 商业银行核心系统的服务架构研究［J］. 太原理工大学学报，2011，42（3）：238-240.

［26］　Yaoli Wang，Wenxia Di，Gang Zhang，et al. Research on the Incremental Prototype for Component-based Information System［J］. Journal of Computational Information Systems，2012，8 (11)：4725-4733.

［27］　Yaoli Wang，Gang Zhang，Qing Chang，et al. Research on Component-based Core Banking System［J］. Journal of Computational Information Systems，2011，7 (10)：3439-3446.

［28］　Yaoli Wang，Gang Zhang，Qing Chang，et al. Component-based Functional Integrated Circuit System design and its straight implementation［C］. Networked Computing，2011，42-47.

［29］　王耀力 . 工程专业学位研究生教育研究成果选编 2016—2017：建设自主机器人理论与实践的研究生校企联合培养基地项目研究［M］. 北京：清华大学出版社，2018.

2.1　林草火灾概念与研究范畴

森林与草原火灾是一种失去人为控制，在林草这一开放系统内自由燃烧，自由蔓延，并造成一定经济损失或功能损失的林草燃烧现象[1~2]。

一、燃烧对象与环境

我国森林防火研究一半以上的成果源于林业工作者对燃烧对象的研究。截至 2020 年 2 月，国内研究可燃物的燃烧机理、传播途径、环境影响，占 58.73%；研究视频监控、无人机、传感器，占 25.60%。

（一）可燃物的燃烧机理

燃烧是可燃物与氧快速结合的放热发光化学反应。燃烧必须具备的三个要素：可燃物、氧和一定温度，即构成所谓燃烧三角形，缺少其中任一要素或者破坏三者之间联系，燃烧就会终止。

林草可燃物包括其中所有有机物。不同林木对火的可燃性不同，其中叶是最易燃烧的林木器官。舒立福、田晓瑞等[3]研究表明，叶的苯乙醇抽取物含量最高，它可在较低温度下分解，是引发火灾和火势蔓延的主要物质。由于这些挥发物燃烧释放出大量能量，也会促进其它成分燃烧。因此，可将叶的燃烧热值、含水率、燃点等 3 个理化性质指标作为各树种的抗火能力特性指标[4]。而不同树种物候期对林木防火的影响主要体现在该树种发叶的早晚。根据燃烧过程性质，大致可以划分为预热、热分解和有焰燃烧与无焰燃烧等三个不同阶段。

（二）传播途径

燃烧是物理过程和化学过程相互作用的结果，其间有传热、传质、流动和化学变化，及其相互作用、相互制约，是一种复杂的物理和化学过程。

热量传播有三种方式：可燃物内部的热传导传热方式，以及可燃物表面的热辐射、热对流方式。可燃物燃烧过程是其主要组分纤维素、半纤维素和木（质）素的热分解反应，以及由它产生的挥发性物质的燃烧过程。燃烧的化学过程，涉及可燃物组成的热分解反应、燃烧过程的机制-链式方式，以及燃烧反应中放出的燃烧热。

在外界火源作用下，森林可燃物被点燃后，火向四周扩展蔓延，形成火场周边向外扩展。由于风、地形和可燃物不同，火场形状通常从圆形向椭圆形发展。顶风方向或沿上山方向蔓延快的部分为火头，两侧蔓延速度较慢的部分为火翼。靠近火头的火翼蔓延速度较快，靠近火尾部分的火翼蔓延缓慢些。火尾部分蔓延速度最慢。因此，火场各部位火强度也相应地发生变化。此外，森林燃烧时，火还可以由地表燃烧向上发展，特别是在针叶林中可以发展成树冠火。地表火也可以向下发展，转变为地下火。森林燃烧随着可燃物类型、天气条件和地形的变化而变化，并产生不同性质的火行为。

（三）环境影响

林草燃烧必须具备三个条件，即可燃物、火源和火环境。火环境是指除可燃物和火源外的其它影响着火、蔓延和能量释放等所有因素的总和，其中主要的是天气条件、立地条件、林内小气候和氧气等。

气候对林火的影响主要表现在两个方面：一是决定火灾季节的长短和严重程度；二是决定特定地区森林可燃物的负荷量。

大气层（主要是对流层）的变化通常称为天气，其中表现天气的气象要素有温度、相对湿度、降水和风速等。

地形对火灾有显著影响。地形不同能形成不同的小气候，加之地形起伏变化，不仅影响林火发生发展，而且能直接影响林火蔓延和林火强度。因此，地形因素在防火、灭火和用火过程中是非常重要的因素。

地形包括坡向、坡度、坡位、海拔高度、微地形等。

土壤因质地不同其吸水和保水性能差异很大，从而影响森林燃烧性。

林内小气候：由于林分的水平、垂直结构不同，林内小气候不同。林分郁闭度大，林内光照少、湿度大，温度低，通风不良，森林可燃物不易燃烧；反之，郁闭度小，林内光照充足，温度高，通风好，容易干燥，可燃物容易燃烧且蔓延快。

氧气是燃烧的三大要素之一。由于森林是开放系统，一般不缺氧。但在燃烧区局部有时也出现缺氧现象，使森林可燃物燃烧不充分，产生大量的木炭和一氧化碳，对地球大气与土壤碳循环产生影响[5]。

二、监测方法

火灾监测预警采用：

（1）观测手段，即感知（Peception）：如用传感器信息采集，包括卫星遥感、无人机与视频监控等。

（2）处理方法，即认知（Cognition）：包括控制技术等，如机器学习与计算智能方法等。

（3）执行策略，即执行（Action）：如消防措施等。

观测手段与处理方法随着现代信息技术的进展，以及机器人技术、人工智能理论在森林防火研究的多学科交叉融合而不断工程化、实用化。

综上所述，我们将林草火灾监测预警技术研究范畴，从感知、认知、执行的多学科交叉融合的领域知识视角进行划分，如图 2-1 所示。由此可以看出燃烧对象与火环境要素与火灾监测预警方法之间的区别与联系。

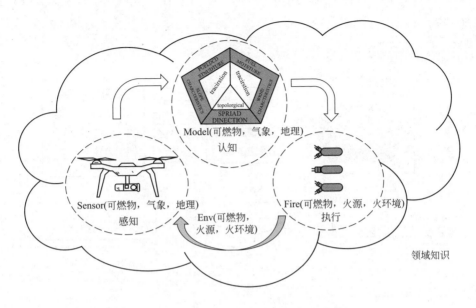

图 2-1　林草火灾监测预警技术研究范畴

2.2　林草火灾监测预警研究内容

以林草火灾监测预警方法与系统为研究对象，以包括算法理论设计、系统原型与生产系统设计等的监测预警系统设计者视角，和以包括用户需求分析、业务与系统构件及层次关系等监测预警系统应用者视角，深入剖析了监测预警系统组成原理，以及从需求到系统的不同抽象层次中，设计者与应用者的合作关系与参与程度。

2.2.1　林草火灾监测预警系统边界划分

我们将图 2-1 研究范畴从控制论角度将林草火灾监测预警技术转换为图 2-2 所示的控制流程。其中，Plant 表受控对象；Controller 表控制器，用于计算决策；Sensors 表传感器，用于测量受控对象情况。$r(t)$ 表示期望值输入，$y(t)$ 为被控量输出，$e(t)$ 为期望值与测量值的差，$u(t)$ 表控制器输出。

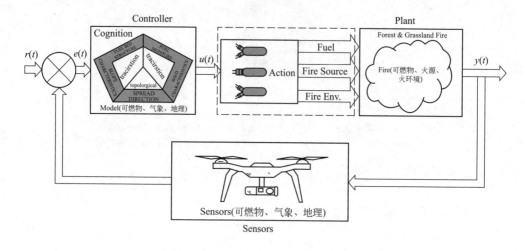

图 2-2　林草火灾监测预警控制流程

2.2.2　研究内容

划分林草火灾监测预警系统边界，将系统分为被监测对象或燃烧对象（Plant）、感知或传感器（Sensors）、控制器（Controller）以及执行机构（Action）四个子系统部分。四个子系统研究内容侧重点不同，共同构成完整林草火灾监测预警系统。

一、Plant 建模

林业工作者对燃烧对象、即可燃物的燃烧机理、传播途径、环境影响的研究，可归结为对 Plant 对象即 Fire（可燃物，火源，火环境）或 Fire（Fuel，Fire Source，Fire Environmental Elements）三元组的建模。

二、Sensors 建模

Sensors（可燃物，气象，地理）或 Sensors（Fuel，Weather，Geography）建模表示对燃烧对象及火环境感知的研究，包括传感器布局、节点间信息传输、可燃物及火环境的信息采集，以及与之相关采集系统研发等。

三、Controller 建模

在 Plant 建模基础上，构造 Model（可燃物，气象，地理）或 Model（Fuel，Weather，Geography）三元组模型，如建立 FWI 模型等。

四、Action 建模

在 Controller 建模基础上，构造 Action（可燃物，火源，火环境）或 Action（Fuel，Fire Source，Fire Environmental Elements）三元组模型。研究如何形成消防行动措施等。

2.3 林草火灾监测预警的分类

将林草火灾的燃烧过程大致分为三个阶段。

一、未燃阶段

可燃物与火环境等燃烧条件尚未形成火源的未燃阶段，其特点是尚未有可观测的烟及明火生成。

二、燃烧初期阶段

可燃物与火环境等燃烧条件形成火源的燃烧初期阶段，其特点是有可观测的烟及明火生成。

三、燃烧蔓延发展阶段

可燃物燃烧火源的燃烧蔓延发展阶段。

林草火灾监测预警则按燃烧过程对应分为未燃阶段监测、燃烧初期阶段监测与燃烧蔓延发展阶段监测三类。其共同特征是通过分析 Sensors（可燃物，气象，地理）所采集的信息，由 Model（可燃物，气象，地理）形成对 Fire（可燃物，火源，火环境）的估计与决策，再由 Action（可燃物，火源，火环境）干预 Fire（可燃物，火源，火环境），以迟滞或阻断林草火灾进程。

2.3.1　未燃阶段监测预警

未燃阶段监测预警涉及的可燃物信息、气象因子、地理因素信息可以概括如下。可燃物信息：包括林草中所有有机物的相关信息，如树种、林分类型、个体分布、沉积层类型与层厚、可燃物含水率信息等。气象因素信息：包括大气温度、相对湿度、风速风向、降雨量、太阳辐射、紫外线指数等。地理因素信息：指地理环境相关信息，包括坡度、朝向等地理信息，水位、径流量、流速、增加降雨量的地表水与地下水等水文信息，土壤温度、土壤湿度、土壤盐度、有机质、岩体结构等土壤地质信息等。

由于未燃阶段尚未有可观测的烟及明火生成，其监测预警是通过将 Sensors（可燃物，气象，地理）所采集的可燃物与火环境信息，如温度、湿度等典型信息与 Controler 模型 Model（可燃物，气象，地理）做数据分析，得出火灾概率等信息。

2.3.2　燃烧初期阶段监测

火源燃烧初期阶段特点是有可观测的烟及明火生成，此阶段监测的主要任务是火情精准识别与定位，以利于消防扑救。

通过 Sensors（可燃物，气象，地理）采集烟和明火不同分辨率数据信息，结合 Model（可燃物，气象，地理）与 GIS，实现火点精准识别与定位。

2.3.3 燃烧蔓延发展阶段监测

可燃物燃烧火源的燃烧蔓延发展阶段监测的主要任务是火行为预测与火灾损失评估。

通过 Sensors（可燃物，气象，地理）采集可燃物在温度、湿度、风向、风力等各种气象条件和地形、可燃物载荷等信息，结合 Model（可燃物，气象，地理），对燃烧和运动方向趋势所做火行为预测分析。火灾损失评估是根据采集信息获取火迹地边界，计算森林草原火灾过火面积，依据根据林相信息及林分受害程度、林木材积损失及林木资产损失等基础资料，计算直接经济损失。

2.4 林草火灾监测预警技术发展

林火预测预报起源迄今已有 100 多年历史，从美国学者最早将林火预测与气象要素结合开始，到加拿大用空气相对湿度估计林火发生，以及后来各国陆续发布火险指数、火险等级系统等，随着科技进步，林火预测预报技术得到快速发展。国内在建立森林火险监测预警方面的研究主要经历了三个阶段。第一阶段：主要利用卫星遥感（RS）、地理信息系统（GIS）和全球定位系统（GPS）等技术以大中尺度监测森林环境，如利用卫星资料监测提取火点、过火区、林火实时监测或灾后损失评估等方面，利用 GIS 平台及空间信息库建立林火行为空间扩展模型，应用遥感影像及 DEM，提取森林可燃物特性及坡度、坡向信息，以及 GPS 实时监测及定位森林火情，建立面向目标的林火蔓延估计预测系统等。其关注焦点是在燃烧初期阶段如何尽早发现火灾、控制火灾规模。第二阶段：运用无线传感器网络（WSN）与定位技术连续、实时地监测森林内部可燃物、气候气象等要素信息，关注焦点是在未燃阶段，试图建立中小尺度的火险预警预报系统。第三阶段：为综合利用卫星遥感、飞机巡护、无线传感器网络等开展多要素高分辨森林火险监测预警的立体式监测阶段，利用多元信息融合技术为森林火灾分级与风险评估提供依据。不论是大中尺度监测还是利用多元信息融合，与人工智能、自动化、计算机、信息科学等日益关联，它们的交叉学科发展为林草火灾监测预警技术发展提供了强有力的支持。

有了林草火灾监测预警系统四个子系统的系统边界，我们就可以区分与系统关联的人与物。首先可以区分系统设计者与应用者。系统应用者位于系统边界外，使用系统所提供的功能完成特定目标。而系统设计者则是分析系统应用者对系统的需求，并将应用需求转换为系统功能与相关技术指标。一般而言，为应对系统设计满足行业应用普适性的要求，往往将应用需求划分为两个部分，即一般性需求和行业相关需求，本文后续将一般性需求称为应用需求，而将行业相关需求称为领域需求。有关需求分析相关内容将在后续章节予以介绍。

下面以林草火灾监测预警系统的 Sensors 子系统中无线传感器部署与信息传输建模为例，如图 2-3 所示，从领域需求、应用需求、技术需求三个方面讨论林草火灾监测预警主要研究内容。

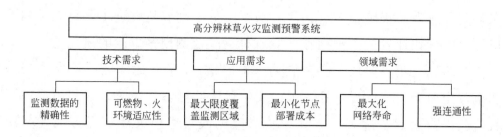

图 2-3　林草火灾监测预警需求分析

2.5　监测预警系统应用者视角

监测预警系统应用者视角，是指以使用者或应用者的角度或观点对监测预警系统的要求或需求。

2.5.1　领域需求分析

领域需求分析是指分析研究对象与应用环境的特殊性方面的需求。如传感器部署方案应具体考虑对森林草原可燃物与火环境等适应性需求等。

2.5.2　应用需求分析

应用需求分析是指目前高分辨传感器部署方案应着重解决最小化节点部署成本与最大化网络寿命应用需求问题。节点部署成本包括单节点成本、总节点数量等；网络寿命是指无线网络的生存周期，包括电池容量、电路可靠性等。

2.6　监测预警系统设计者视角

监测预警系统设计者视角，是指以设计者的角度或观点分析系统应用者对系统的需求，并将应用需求转换为系统功能与相关技术指标。

2.6.1　技术需求分析

技术需求分析是对高分辨传感器部署方案的技术指标方面的需求分析，如对所采集的监测数据的精度指标要求，对最大限度覆盖监测区域和传感器节点之间必须满足信息交互的强连通性的指标需求等。

然而上述三种需求往往是互相矛盾、相互制约的，需要设计者与应用者充分沟通，让设计者充分理解应用者的诉求，而应用者应充分了解设计者的设计意图，参与产品的设计规划、实验验证过程。上述过程是一个多轮次的反复迭代过程，属于现代系统工程理论研究范畴，本书因为篇幅所限，仅涉及作者一些前期研究工作的部分内容，以为抛砖引玉之用。

2.6.2 系统形式化建模

我们将功能性需求建模为目标函数，将非功能性需求建模为约束条件。在无线传感器部署与信息传输建模中，为提高传感器部署效益并降低传感器节点间通信成本，可构造传感器部署效益目标函数 $F(A)$：

$$\max_{A \subseteq V} F(A), s.t. C(A) \leqslant B \tag{2-1}$$

式(2-1) 中，V（$|V| = N$）表示被监测林草区域内 N 个可能布放节点的位置集合，A 表示预布设节点的子集，$A \subset V$（$|A| = K < N$），$C(A)$ 表示节点间通信距离约束，要求节点间通信距离小于某个给定值 B[6]。

2.7 监测预警业务与系统

本书将林草火灾监测预警信息系统的业务与系统架构对应划分为业务需求层、语义层和基于服务层构件的系统实现层，称之为基于构件的林草火灾监测预警系统（Component Based Monitoring and Early Warning System for Forest and Grassland Fire，CBMEWS4FGF）系统框架。

2.7.1 体系架构

基于构件的林草火灾监测预警系统 CBMEWS4FGF 中，用例、场景、流程等概念与解释遵从 SYSML 规范。CBMEWS4FGF 业务系统架构如表 2-1 所示。

表 2-1　CBMEWS4FGF 的业务系统架构

业务需求	业务用例	需求层	业务用例集合
	业务用例场景		业务用例场景集合
	业务流程步骤	语义层	活动单元
			原子业务集合
系统语义	系统用例		原子业务
	系统用例场景		系统流程
	系统流程步骤		系统活动单元
			系统构件集合元素
系统实现		实现层	系统构件或硬件构件

一、业务需求层

包括业务用例集合与业务用例场景集合。

二、系统语义层

语义层接收来自业务用例场景作为语义层的输入，并将业务用例场景分解为相应的不同活动单元或称为业务流程步骤。

从业务过程步骤到系统用例的映射，即系统用例的提取，UML 通常是靠经验及先验知识，人工进行分拆、合并等操作，从中提取系统用例。也就是说，从业务过程步骤到系统用例的映射缺乏明确规则供机器自动推导，为此，我们引入原子业务集合，见表 2-1。

如果一个原子操作的集合元素由业务组成，称其为原子业务集合。原子业务为业务领域中的业务活动的最小单元，也称为业务动作，则业务流程步骤可由原子业务集合中的元素映射而成，这样所有的业务流程即业务用例场景均可最终由对在业务领域中定义的原子业务的操作与调用完成。因此原子业务集合是完成业务流程的最小集合，从这个意义上讲，系统实现只需对原子业务集合当中的元素系统化。因此，我们对可系统化的原子业务对应的系统用例场景进行系统流程分解。

每个系统活动单元又可由系统构件集合，即系统活动单元的最小单位中的元素组合映射而成。

三、系统实现层

由系统构件或硬件构件组成。

2.7.2　业务与功能

对系统设计者而言，把用户/业务需求转化为系统功能，就是将位于需求层的业务用例转换为系统用例的过程。

以森林防火视频监控系统为例，经系统设计人员与防火工作者的业务访谈与交流，视频监控系统应具备：①清晰林火监测影像，②火情误报率低，③火源精准定位，④适应多种气候条件等业务需求。可转换为：①超清图像传输，如采用800万以上像素摄像头，②精确报警，如采用深度神经网络等人工智能学习训练法构造报警分类引擎，误报率<0.01%，③多源信息融合定位，如融合遥感影像、GIS、气象因子、林草内部传感器网络等多分辨率多源信息定位火源，使平均定位误差率<2%，④多光谱成像，如采用可见光、热成像及多光谱相机组合等系统功能。

2.7.3　系统与实现

从系统设计者视角，系统到实现的过程就是从系统用例到系统构件的映射过程。

以森林防火视频监控系统为例，经系统设计人员与系统编程人员等协同，将系统用例做系统流程分析，将系统流程拆解为不同软件、硬件构件集合，如采用含摄像机、镜头、热成像的一体化云台构件，前置林火视频分析构件，规划编程构件集合，最终由语义组合而成并由系统软硬构件实现的森林防火视频监控系统。

2.7.4　评估策略

一、复用性设计

由于在产品设计研发过程中，用户需求随着业务系统的不断演进与迭代可能发生变更，良好的设计框架应能够应对此种变化，否则会因顶层业务用例改变造成系统代码与测试的重大变化、延迟系统交付时间以及降低系统可靠性等诸多问题。

系统复用性设计的基础是软硬件构件化。CBMEWS4FGF 架构正是遵循着复用性设计理念而研发的。其设计思想是，需求层业务用例与场景，是由语义层原子业务与系统构件组合映射而成；业务用例与场景的改变，可以由原子业务与系统构件映射关系的变化完成，不会对系统底层构件产生影响。换言之，CBMEWS4FGF 架构支持语义流程再造，用户需求的变化可由语义流程再造来应对，最后由系统构件的调用实现，从而完成系统复用性设计。

二、维护与支持

现代产品研发是多方协作的产物，CBMEWS4FGF 架构底层构件不可避免要选取第三方产品作为系统的软硬件构件，因此产品维护和支持的质量是保障系统可靠性的基础之一，最佳的技术支持是产品成功的必要因素。

2.8　降低监测预警系统成本途径

对于监测预警系统生产厂商而言，高时间与空间分辨率的监测类数据采集设备成本往往是造成监测预警系统成本居高不下的关键因素，尤其是通过布设于林草内部的无线传感网络的总传感器成本是造成无线传感网络无法大面积实施的重要原因。因此减少传感器的使用量，降低系统软硬件成本是本书讨论的问题之一。

2.8.1　前端优化

监测预警系统前端是指可燃物与火环境的信息采集部分，即 Sensors（可燃物，气象，地理）部分。前端优化是采用优化算法对 Sensors 建模，在保证预警精度与准确度前提下，采用尽可能少的传感器或多分辨率设备进行数据融合以降低设备成本，完成对研究区域的感知覆盖。

2.8.2　本质安全验证

测试是保障产品可靠性的关键。随着系统软硬件规模的不断扩大，传统的采用测试用例的测试方案会因系统复杂度上升而产生所谓"组合爆炸"问题，使得测试用例无法遍历系统生成树的每个节点，也就是无法做系统完全测试，造成系统安全隐患。

本书论及本质安全验证是借用煤矿井下安全设备质量标准中"本质安全"的概念及内涵，是指采用形式化理论对 CBMEWS4FGF 架构做形式化建模，以期达到对 CBMEWS4FGF 架构做完全测试的目的。

2.9　监测预警系统的云计算设计与验证

现代监测预警系统及监控指挥平台，应以物联网、云计算、大数据、人工智能等技术为支撑。如何做到基于云计算设计与形式化验证是本书讨论的问题之一。

2.9.1　云计算与可计算架构

云计算的本质特征是资源虚拟化与计算并行化[7]。与图灵机模型同构的体系结构都是可计算架构。本书讨论构建基于云架构的监测预警系统 CBMEWS4FGF 架构理论基础，根据具体火险监测预警需求，设计基于构件的功能模块。先以通用 CPU 为例抽象出问题求解机的可计算模型；然后利用面向服务架构的概念通过构件引入资源虚拟化，使问题求解机模型支持并行处理以形成云计算架构；最后基于问题求解机模型建立本研究的云计算架构。

2.9.2 监测预警系统形式化体系架构

CBMEWS4FGF 的业务系统架构显示，从业务需求到系统构件是一个对需求逐步分解的语义映射过程；这些映射可在语义层内完成，它是用系统构件实现监测预警系统的基础。基于此，我们构建 CBMEWS4FGF 架构抽象模型，将可计算架构的抽象模型的原子构件实现模型进一步抽象为由连接件、规范和原子构件的三元组组成的体系结构模型，由此得出监测预警系统形式化体系架构。

2.9.3 业务流程与系统实现验证

业务流程与系统实现验证可在模型架构的不同层次中完成。CBMEWS4FGF 形式化验证的目的是解决 CBMEWS4FGF 模型是否满足所期望的性质，如是否无死锁、活动是否可达等问题。其中模型描述语言 LL7 的一个可选的解决方案是直接用进程代数描述体系结构及流程，使系统各阶段模型的逻辑协调性与可达性得以获得直接验证，从而避免了用其他流程语言进行形式化转换后可能带来的语义丢失等问题。

形式化模型的建立可通过形式化描述 CBMEWS4FGF 模型架构组成要素，采用自上而下地构造连接件逻辑，以此建立 CBMEWS4FGF 形式化模型。

2.10　计算视觉与计算智能

视觉是人类获取信息的主要来源。实验心理学家 D. G. Treichler 做过著名的心理实验之一证实：人类获取的信息 83％ 来自视觉，11％ 来自听觉。人类的视觉感知是指人类视觉系统感知图像信息。由于人类视觉系统的信息处理机制是一个高度复杂的过程，人们从生物学、解剖学、神经生理学、心理物理学等方面做了大量研究后发现，人类的视觉过程是视觉感知与视觉认知的过程，主要表现在视觉关注、视觉掩盖、视觉推导机制等特性上。

20 世纪 80 年代，视觉的开创者之一 DavidMarr 出版了《视觉：从计算的视角研究人的视觉信息表达与处理》一书，奠定了计算视觉的基础，计算视觉是由计算机视觉与计算神经学两个领域构成。加州大学洛杉矶分校朱松纯教授指出[8]，David Marr 对计算机视觉最主要的贡献：一是将视觉要解决的问题分层，即表达、算法和实现三个层次。表达层次是将问题描述为一个数学问题，即所谓建模；算法层次是对数学问题求解时可以选择的算法，可以并行或串行处理；实现层次是算法如何实现，如用 CPU，DSP，或者神经网络来实现等。计算机视觉分层后就可以从表达层入手，从纯理论、计算的角度来研究视觉。二是试图建立视觉计算的完整体系，给出图像或者场景整体的语义解释。三是在算法层面，指出计算视觉是一个连续不断计算的"过程"，计算过程随任务改变而改变，即所谓任务驱动型计算。

由于视觉研究的最终目的是提供给机器人使用的，要使机器和人类一样可以"看到"并理解周围的环境。因此，如朱松纯教授指出的那样，研究视觉应从执行者角度，带着任务主动去激发视觉。

计算智能是指以数据为基础，以计算为手段建立功能上的联系（模型）与问题求解，以实现对智能的模拟和认识。第一个定义计算智能概念的贝兹德克（Bezdek）认为，一方面计算智能取决于制造者提供的数值数据，它不依赖于知识；另一方面，人工智能应用知识精品；因此人工神经网络应称为计算神经网络。计算智能主要包括三大部分。①神经计算：人工神经网络算法。②模糊计算：模糊逻辑。③进化计算：遗传算法（进化策略、进化规划）、蚁群优化算法、粒子群优化算法与免疫算法等。

当前，计算智能可以在计算视觉的表达、算法和实现三个层次上发挥作用。

2.10.1 基于视觉的感知系统模型

林草火灾监测预警常用的视频系统是基于视觉的感知系统，该系统模型是某种相机模型，对火灾信息的观测是由相机成像完成的。即三维世界中反映火灾信息的载体反射或发出的光线，穿过相机光心后，投影在相机的成像平面上，相机的感光器件接收到光线后，产生了测量值，就得到由像素形成的图像。视觉感知系统的表达就是相机的数学建模。本文分别讨论了双目成像相机及单目成像相机模型及其标定方法。

2.10.2 计算智能与认知系统模型

本书就以数据为基础的计算智能在移动机器人避障、路径规划等认知应用做了较深入探讨。讨论了 Elman-DIOC 神经网络的强并行处理与泛化能力，同时将模糊计算引入对不确定信息的处理中，将专家经验转化为一种网络的输入输出映射，进一步证明模糊 Elman-DIOC 网络可以更加完备地对输入输出映射关系进行表达，并能够较好地应用于移动机器人路径规划控制器模型中。

2.10.3 基于视觉的火险监测

目前市售的林草火灾监测预警系统总体框架由感知层、传输层、处理层和应用层组成。感知层由红外防火摄像头、物种人类活动识别摄像头、遥感卫星、卫星导航终端、小型气象站、土壤与水文地质监测传感器及无人机等组成。传输层由移动网络、有线网络、自组网络与卫星通信网组成。处理层由高性能计算、数据可视化、GIS 平台、大数据分析、机器学习等组成。应用层包括影像分析、预警管理、物联管理、评价模拟等。

基于视觉的火险监测信息采集主要反映在感知层。随着应用的不断深入，已有厂家将处理层中由数据建模所得机器学习模型前移至感知层，如森林防火智能预警监控一体机中的前置林火视频分析器产品等，一定程度上使视觉的计算过程由林火探测任务驱动。

本书着重讨论了计算智能在林草火灾烟雾检测中的应用。包括深度卷积网络（DC-ILSTM）的架构，以及为应对不同地区、相异场景下烟雾图像识别时神经网络的普适性问题，研究出一种可实现数据集迁移分类方法 DC-CMEDA 模型结构，做森林火灾烟雾检测等。

2.10.4　视觉导航与定位

在视觉感知系统模型基础上，本书分别讨论了双目成像 RGB-D 相机的视觉里程计大视距导航应用原理。

思考题

1. 简述林草火灾监测预警技术研究范畴。
2. 林草火险监测预警方面的研究主要经历哪三个阶段？
3. 什么是监测预警系统应用者视角与设计者视角？
4. 何为林草火灾监测预警信息系统的业务与系统架构？
5. 简述云计算与可计算架构。
6. 将视觉要解决的问题分层的好处是什么？
7. 什么是计算智能？

8. 为什么说人工神经网络应称为计算神经网络？

参考文献

[1]　舒立福，刘晓东. 森林防火学概论［M］. 中国林业出版社，2016.

[2]　张景群，王得祥. 森林防火［M］. 西北林学院，1996.

[3]　舒立福，田晓瑞，李红，等. 我国亚热带若干树种的抗火性研究［J］. 火灾科学. 2000，9（2）：1-7.

[4]　孙永明，张文恒，姚丽敏，等. 山西省生物防火树种选择研究［J］. 山西林业科技，2017，46（2）：1-6.

[5]　胡海清，魏书精，孙龙，等. 气候变化、火干扰与生态系统碳循环［J］. 干旱区地理，2013，（1）：57-75.

[6]　Yaoli Wang，Yujun Duan，Wenxia Di，et al. Optimization of Submodularity and BBO-based Routing Protocol for Wireless Sensor Deployment［J］. Sensors，2020，20（5），1286.

[7]　王耀力. 基于云架构的存储信息系统研究［D］. 太原理工大学，2012.

[8]　朱松纯. 正本清源：初探计算机视觉的三个源头、兼谈人工智能［O］. 《视觉求索》微信公众号，2016.

本章重点讨论以子模优化机制为基础的无线传感器网络布局与传输理论，同时介绍子模优化机制应用于林草监测预警的理论与工程实施方面的研究成果。

3.1 无线传感器网络与通信协议

无线传感器网络（Wireless Sensor Networks，WSNs）通常由部署在监测区域内大量的微型无线传感器节点组成。此类节点即以无线通信方式形成一个多跳的自组织网络系统，最终通过感知、协作获得网络覆盖区域内的被感知对象。感知对象、节点（即无线传感器节点，下文同）以及观察者构成了无线传感器网络的三要素。林草火灾监测预警控制流程中的无线传感器网络三要素的关系如图 3-1 所示。

感应对象通过巴科斯范式定义如下：

＜感知对象＞∷＝＜可燃物＞|＜气象＞|＜地理＞；

其中，符号"∷＝"右面的概念集合给出了"∷＝"左面概念的内涵。

节点用 Sensor（可燃物、气象、地理）表达；观察者是无线传感器网络中信息的最终获得者，观察者即 Controller 接收 Sensor（可燃物、气象、地理）的输出，并构建 Model（可燃物、气象、地理）三元组模型，例如建立 FWI（可燃物、气象、地理）模型等。

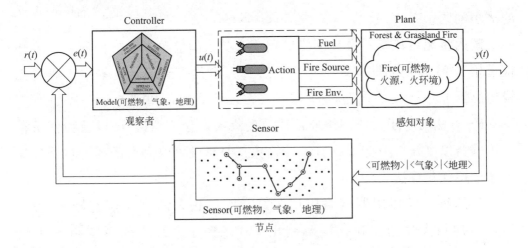

图 3-1　林草火灾监测预警控制流程中的无线传感器网络三要素的关系

　　无线传感器网络的通信协议栈依次为物理层、数据链路层、网络层、传输层和应用层五层。由于传感器节点部署在野外林草恶劣环境中，其计算、存储和通信能力均受能量约束。为节省传输能量，即减少通信传输代价，应融入网络管理于各层协议栈中。从 20 世纪 80 年代提出无线传感器网络概念至今，无线传感器网络得到了飞速发展。其发展过程中主要受节点的经济成本、能耗以及通信能力的约束。

3.2　无线传感器布局与传输技术研究现状

　　无线传感器网络布局，或称无线传感器网络节点部署方案，一般分为随机节点部署与控制节点部署。随机部署要求节点足够廉价，如采用无人机撒播方式，通过控制节点密度达到一定网络服务质量。控制节点部署则是考虑节点成本和部署成本，通过选择节点部署位置以满足不同需求，通常此类布局需应对大规模场景时带来的节点的经济成本上升、能耗增大以及通信能力减弱等约束的挑战。

由于高分辨林草火险监测方法的预报精度与准确度主要取决于中小尺度传感器布局方案，决定了此类布局需应对林草等大规模场景应用所带来的诸多问题。

国内将无线传感器及其网络应用于森林火险监测预警方面研究的公开报道始于 21 世纪初期。近十年来，森林火险预警系统研究集中于研究无线传感器低功耗硬件电路设计[1~4]、无线网络通信协议改进[5~7]、区别于 GPS 方法的基于无线网络通信协议的火灾定位方法[8~11]以及为使所布放传感器以高效、节能方式有效传输数据并延长网络寿命的高分辨采集与传输子模优化算法[12,13]。

国外将无线传感器网络应用于森林火险预警的公开报道始于 2005 年，由加州大学伯克利分校研制出了 FireBug 系统。该系统由采集温度、湿度和大气压力等数据环境传感器组成，在每个传感器节点上设置一个类 GPS 定位器，节点通过基站与远程数据库服务器通信，该监控系统在美国加州科斯塔附近的森林火灾监测实验中得到了实际应用。

加拿大西蒙弗雷泽大学 Mohamed Hefeeda 教授，通过分析 GOFC-GOLD 全球早期火险预警系统的 FWI，利用美国伯克利大学开发的无线传感器 Mote 硬件，给出了高密度随机布设传感器条件下，仅启用其中 K 个少量传感器就可达到测量指定区域（Cell）温度、湿度等指标的 K-Coverage 优化算法，使用该方法，可显著延长整个无线传感网络的生命周期[14~16]。

国内外在建立森林火险预警系统前端的高分辨采集与传输方法的研究可归纳为基于分析森林火灾形成机理林火预测模型的统计模型布局方案和基于设定感知参数，如单个传感器感知区域大小的优化模型布局方案两大类。

由于森林管护区域林木种类、地质、气候条件形成机理复杂，且个性化差异明显，高分辨林火预测模型的建立取决于布局传感器高分辨采集与传输方法的精确校准结果，而基于林火预测模型做传感器布局方案，又取决于对林火预测模型的精确描述与求解，因此限制了高分辨采集与传输方法的统计模型布局方案的应用范围。

而现有的优化模型布局方案中，K-Coverage 优化算法是通过传感器分时工作达到延长整个无线传感网络寿命的，但并未减少布设传感器的总数量。而通过设定传感器感知区域大小来减少传感器布设数量的方法，如设定圆形感知区域直径大小，即假设感知区域内的测量由单个传感器负责，而感知区域外则完全无法感知，则可能造成由单个传感器带来的测量误差偏大问题，而感知区域内的高密度传感器布设又会带来经济成本增加等问题。

我们的前期研究与实验结果表明[15~16]，为解决森林火险预警可燃物与火环境高分辨采集与信息传输中传感器节点成本高、部署区域大以及部署优化效率低等主要应用问题，使用基于子模算法的高分辨采集与传输方案，可改进中小尺度传感器采集数据的空间、时间插值精度，降低传感器节点成本，提升信息传输效率。

3.3　基于 CVaR 子模效益模型传感器布局优化

针对无线传感器网络因节点电量耗尽、电路故障等造成节点失效，以及节点未能部署到指定位置造成部署偏差等的不确定性，如何度量不确定性对传感器布局的影响，以及如何在不确定性影响下使传感器布局取得最优效果，是本节要解决的主要问题。

3.3.1　节点不确定性布局研究背景

2012 年，Krause[17]将传感器布局优化转化为子模优化问题，采用离散子模效益最大化模型进行传感器布局，以互信息作为衡量布局效益的目标函数，采用贪婪算法，从备选点中选择使互信息最大的子集作为部署的集合进行布局。这种布局模型未考虑传感器节点的不确定性，鲁棒性较差[18]。且采用贪婪算法来解决这个 NP-hard[17]问题，存在计算效率过低、解集效果不佳的问题。为了更好解决节点存在不确定性情况下的最优子集选择问题，2010 年，Xiong 等[19]提出将最优子集选择转化为风险规避问题，寻求获得效益与风险之间平衡。为规避风险，2012 年，Gonzalez[20]采用经济学中的均值-方差模型，用均值表示预期收益，方差表示实际收益与预期收益差；在均值一定情况下寻找最小方差以减小节点不确定性对布局效果影响。由于风险管理使用 VaR（Value at risk）表示一定条件下最大损失，可具体描述风险，Ning 等[21]提出基于 VaR 子集选择模型。Rockafellara[22]则证明了条件风险值（Conditional Value at Risk，CVaR）比 VaR 具有更好性质，即 CVaR 可以表示潜在损失，且具有次可加性和凸性，广泛应用于风险管理。2015 年，Maehara[23]提出了基于 CVaR 的子模效益模型，目前，这种基于 CVaR 的子模效益模型已经在社会影响最大化问题[24]、零和博弈[25]中得到了很好的应用。

我们采用基于 CVaR 子模效益模型优化上述不确定性对传感器网络布局效果的影响。同时，为快速有效获得该模型下的最优传感器布局，对传统贪婪算法进行改进；根据模型中参数对全局最优解有序搜索，同时引入 lazy evuluation 减少算法时间复杂度。实验表明，在基于不确定的传感器进行布局时，CVaR 模型可以有效提高网络布局鲁棒性，并且与改进贪婪算法相结合，可以快速获得高互信息下的布局节点集合。

3.3.2 基于 CVaR 的子模效益模型

3.3.2.1 离散子模效益最大化模型

设目标区域需部署 k 个传感器，用 X 表示 n（$n > k$）个可部署位置集合，则传感器优化布局可转化为最佳子集选择问题。通过选择最佳子集 S（$S \in M$），使所部署传感器网络达到效益最大化。其中拟阵 I 表示子集 S 约束条件，函数 $f(S)$ 衡量布局效果。

定义 3-1：对函数 $f: 2^x \rightarrow R$，若 $\forall S \subseteq T$，$\exists f(S \cup T) + f(S \cap T) \leqslant$

$f(S)+f(T)$，则函数 f 具有子模性质。

因此，衡量布局效果效益函数是否满足子模性质，即随解集中传感器节点不断增加，判断新加入节点对整个网络布局效果的影响力是否逐渐减小。本文采用满足子模性质互信息[11]衡量布局效果，最优解集为互信息最大解。离散子模效益最大化模型可表示为：

$$\max_{S \in X, S \in M} f(S) \tag{3-1}$$

3.3.2.2　基于 CVaR 子模效益模型

条件风险值 $CVaR$ 基于 VaR。VaR 指在一定置信水平 α 下，某一组合价值在特定时间 t 内的最大可能损失。令置信水平 $\alpha \in (0,1)$，P 为损失函数 $f(X,\omega)$ 的分布函数，则 VaR 可表示为：

$$VaR_\alpha(X) = \max\{t : P(f(X,\omega) \geqslant t) \geqslant \alpha\} \tag{3-2}$$

$CVaR$ 表示在既定置信水平 α 下，损失超过 VaR 部分的平均值。

$$CVaR = E[f(X,\omega) | f(X,\omega) \geqslant VaR_\alpha(X)] \tag{3-3}$$

因此，$CVaR$ 值可以充分表达损失信息，且满足次可加性和凸性，较好地度量风险。

我们在传感器布局效益函数中采用 $CVaR$ 衡量最大可能损失的平均效益，并最大化平均效益。当布局不确定性时，造成损失也会减少，达到规避风险目的。

3.3.2.3　基于 CVaR 的子模效益模型

在实际部署中，由于林草立地条件因素限制，以及传感器节点的易损特性，实际获得布局效益存在小于预期效益的可能性。即在衡量布局效果效益函数中存在一个独立于最优子集 S 的变量 y，对传感器网络获取最优布局效果产生影响。因此包含不确定性的传感器布局模型如式(3-4)。

$$\max_{S \in I, S \in X} f(S,y) \tag{3-4}$$

由于节点不确定性，采用 $CVaR$ 可表示最大可能损失取得的布局效果平均值。基于 $CVaR$ 子模效益模型是以最大化 $CVaR$ 为目标的，因此子模效益模型如式(3-5) 所示。

$$\max_{S \in I, S \in X} CVaR_\alpha(S) \tag{3-5}$$

通常采用辅助函数 $H(S,\tau)$，将优化 $CVaR_\alpha(S)$ 转化为优化辅助函数 $H(S,\tau)$，因此子模效益模型可表示为式(3-6)。

$$\max_{x \in I, \tau \in [0,\Gamma]} \tau - 1/\alpha E\{[\tau - F(S,y)]_+\} \tag{3-6}$$

3.3.3 改进贪婪算法

3.3.3.1 算法流程

在林草大区域布局时，传统贪婪算法运行效率低的问题凸显。即当每次加入新节点时，均需先计算可加入点效益，后进行排序以选出效益最大节点加入解集，导致算法时间复杂度急剧增加。为此，我们采用 Lazy evaluation 简化算法以减小时间复杂度。

表 3-1 为改进贪婪算法的流程。流程运行时，每次都加入子模效益最大的点。在第一轮节点 A 加入解集后，第二轮加入新节点时，先计算比其子模效益次小节点 B 的子模效益，如果 B 产生子模效益大于或等于上一轮比 B 次小的 C 节点子模效益，则 B 直接可看作是第二轮的解，无需再产生边际效益排序以便与其它节点比较边际效益。若结点 B 效益不大于或等于上一轮又比其自身次小节点 C 的边际效益，则依次逐个算出各个节点边际效益，排序选最大点作为种子节点，放入种子集。由于采用 lazy evaluation 优化后贪婪算法，可简化每次加入新节点时的步骤，因此提高了算法效率。

表 3-1 改进贪婪算法

基于子模函数的贪婪算法
Input: Ground set V and matroid I
Risk level set in advance $\alpha \in (0,1)$
Parameter $\tau \in (0,\Gamma)$ and search step Δ
Output: (S^G, τ^G)
1: $M = \phi$
2: for $i = \left\{0, 1, \cdots \lceil \frac{\Gamma}{\Delta} \rceil\right\}$

续表

基于子模函数的贪婪算法
3： $\tau_i = i\Delta$
4： $S_i^G = \phi$
5： while $S_i^G \in I$ do
6： $s = arg\max_{s \in v \setminus S_i^G, S_i^G \cup \{s\} \in I} H(S_i^G \cup \{s\}, \tau_i) - H(S_i^G, \tau_i)$
7： $S_i^G = S_i^G \cup \{s\}$
8： end while
9： $M = M \cup (S_i^G, \tau_i)$
10： end for
11： $(S^G, \tau^G) = arg\max_{(S_i^G, \tau_i) \in M} H(S_i^G, \tau_i)$

流程步骤说明：

① 定义集合 M 存储在指定置信水平 α 下的最优解 $(S^G$，$\tau^*)$，S^G 存储部署点集合，τ^* 表示搜索到的最优参数，初始化值为空集。

② 设置 τ 搜索上界 Γ，$\tau \in [0, \Gamma]$，以及搜索间隔 Δ。

③ 采用贪婪算法以步长 Δ 求位置集合 S^G，采用 lazy evaluation 减少算法时间复杂度。

④ 对比不同 τ 值时，求位置集合 S^G 的 $H(S^G, \tau)$。选择令 $H(S^G, \tau)$ 最大的 τ 和 S^G 为最终解 $(S^G$，$\tau^G)$。

3.3.3.2 算法分析

令 K_f 为效用函数曲率。根据贪婪算法求出解集 S_i^G 的子模效用函数 $f(S_i^G)$，它与最优解 OPT 解集 S^* 的子模效用函数 $f(S^*)$ 存在关系如式(3-7)。

$$\frac{f(S_i^G)}{f(S^*)} \gg \frac{1}{1 + K_f} \tag{3-7}$$

采用非标准化单调子模函数 $H(S, \tau)$，归一化处理后代入式(3-7)，可得：

$$\frac{H(S_i^G, \tau_i) - H(\phi, \tau_i)}{H(S_i^{G*}, \tau_i) - H(\phi, \tau_i)} \gg \frac{1}{1 + K_f} \tag{3-8}$$

整理式(3-8) 得：

$$H(S_i^G, \tau_i) \gg \frac{1}{1+K_f} H(S_i^{G*}, \tau_i) + \frac{K_f}{1+K_f} H(\phi, \tau_i) \qquad (3\text{-}9)$$

将 $H(\phi, \tau_i) = -\Gamma\left(\frac{1}{\alpha} - 1\right)$ 代入式(3-9)，则：

$$H(S_i^G, \tau_i) \geq \frac{1}{1+K_f} H(S_i^{G*}, \tau_i) - \frac{K_f}{1+K_f} \Gamma\left(\frac{1}{\alpha} - 1\right) \qquad (3\text{-}10)$$

根据式(3-9)，每个 τ_i 下最佳解集 S_i^* 满足：

$$H(S_i^*, \tau_i) \geq \frac{1}{1+K_f} H(S_i^{G*}, \tau_i) - \frac{K_f}{1+K_f} \Gamma\left(\frac{1}{\alpha} - 1\right) \qquad (3\text{-}11)$$

令上界： $\quad H(S_i^G, \tau_i)^b := (1+K_f) H(S_i^G, \tau_i) + K_f \Gamma\left(\frac{1}{\alpha} - 1\right) \qquad (3\text{-}12)$

设 $\tau = \tau_i$，按搜索间隔 Δ 进行求解，则所求解与最优解集关系如式(3-13)。

$$\max_{i = \{0, 1, \cdots, \lceil \frac{\Gamma}{\Delta} \rfloor\}} H(S_i^*, \tau_i) \gg H(S_i^*, \tau^*) - \Delta \qquad (3\text{-}13)$$

所以 $\quad \max\limits_{i = \{0, 1, \cdots, \lceil \frac{\Gamma}{\Delta} \rfloor\}} H(S_i^G, \tau_i)^b \gg H(S_i^*, \tau^*) - \Delta \qquad (3\text{-}14)$

将式(3-13)代入式(3-14)可得：

$$(1+K_f) H(S_i^G, \tau_i) + K_f \Gamma\left(\frac{1}{\alpha} - 1\right) \gg H(S_i^*, \tau^*) - \Delta \qquad (3\text{-}15)$$

整理式(3-15)，则基于子模贪婪算法的解集对 (S^G, τ^G) 与最优解 (S^*, τ^*) 存在以下关系：

$$H(S^G, \tau^G) \gg \frac{1}{1+K_f} [H(S^*, \tau^*) - \Delta] - \frac{K_f}{1+K_f} \Gamma\left(\frac{1}{\alpha} - 1\right) \qquad (3\text{-}16)$$

3.3.4　实验与分析

3.3.4.1　实验步骤

（1）本实验采用 80 个备选部署候选点模拟林场样地，进行 40 个传感器节点部署。

（2）分析参数 τ 及置信水平 α 对最优解的影响，确定所需参数值。

（3）将本文算法、传统贪婪算法以及随机部署方法对比，分析采用三种算法在相同条件获得的互信息、不确定性损失以及时间复杂度方面差异。

3.3.4.2 参数 τ 和 α 对解集影响

如图 3-2(a)，对于任意给定置信水平 α，对 τ 设定搜索上界 Γ，采用本文算法以步长 1 从 0 到上界 Γ 之间进行有序搜索，可得到某个局部最优解。且 Γ 设置越大，所找到局部最优解就越接近全局最优解。所以 Γ 要设置尽可能大。当 τ 的搜索上界 Γ 置为 50 时，对于不同的置信水平均可保证搜索到全局最优解。

如图 3-2(b) 所示，不同置信水平 α 求得最大效益不同。参数 τ 一定时，将不同置信水平 α 求得的效益 $H(S^G, \tau^G)$ 对比可知，随着置信水平 α 不断增大，最优解产生布局效益 $H(S^G, \tau^G)$ 也不断增大。为获取最大效益，算法所求得最终解为置信水平 $\alpha = 0.9$ 下的部署集合 S^G。

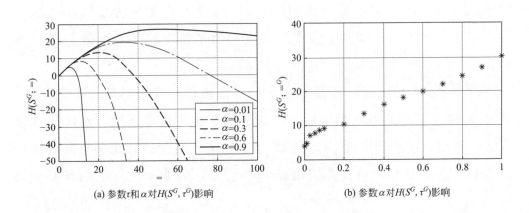

(a) 参数 τ 和 α 对 $H(S^G, \tau^G)$ 影响 (b) 参数 α 对 $H(S^G, \tau^G)$ 影响

图 3-2 参数 τ 与 α 对 $H(S^G, \tau)$ 的影响

3.3.4.3 算法互信息对比

为了验证本文算法的有效性，以互信息衡量传感器网络布局效果。

图 3-3 显示随机部署算法、传统贪婪算法以及本文算法，在部署相同传感器个数节点时的部署情况以及取得的布局效益。

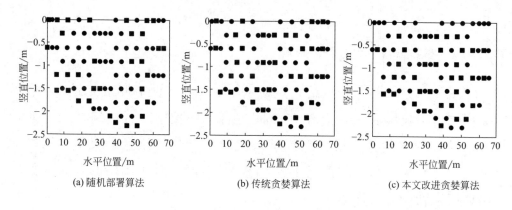

(a) 随机部署算法　　　(b) 传统贪婪算法　　　(c) 本文改进贪婪算法

图 3-3　不同算法传感器布局

由图 3-3(a)，随机部署传感器节点时，位置呈现出无序性，区域中间部分几乎没有节点部署，导致布局互信息浪费。图 3-3(b) 所示传统贪婪算法可实现目标区域节点均匀分布，但在目标区域边缘位置部署节点较多，造成布局效益降低。从图 3-3(c) 显示，本文算法在目标区域部署节点分布均匀，且减少了节点部署在边缘的情况，使布局效益进一步提高。

由图 3-4 可知，随传感器节点增加，传感器网络布局效益不断增加。当完成 40 个传感器节点部署后，本文算法、传统贪婪算法以及随机部署方法所达到互信息分别为 32、28 和 19，本文算法互信息比随机部署法提高了 68.4%，比传统贪婪算法提高了 14.2%，表明本文算法的良好布局效果。

3.3.4.4　不同模型损失对比

由表 3-2 可知，当部署传感器网络面临不确定风险时，基于 CVaR 布局模型获得互信息损失量比传统布局模型小，表明本文模型能更大程度保证布局效益，具有良好鲁棒性。

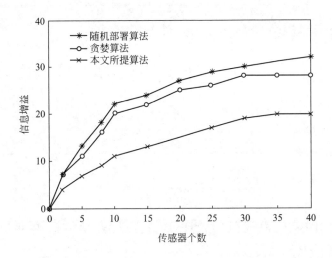

图 3-4 不同算法传感器互信息对比

表 3-2 两种模型损失对比

不确定情况	传统布局模型损失	本文布局模型损失
5 个节点失效	2.53	1.27
5 个节点偏离位置	0.78	0.43
10 个节点失效	3.18	2.85
10 个节点偏离位置	1.46	1.06
15 个节点失效	4.82	4.21
15 个节点偏离位置	2.45	1.95
20 个节点偏离位置	2.96	2.31

3.3.4.5 不同模型时间复杂度对比

本组实验在目标区域分别部署不同数目的传感器节点，比较本文算法与传统算法达到相同互信息量布局时的循环次数。

表 3-3 显示，随传感器网络规模不断增大，改进算法的循环次数明显小于传统贪婪算法。说明本文算法可减少时间复杂度。尤其应用于林草监测预警大区域传感器布局时，则更具优越性。

表 3-3   两种算法循环次数对比

网络节点数	传统贪婪算法	本文算法
5	420	140
10	814	231
15	1185	283
20	1530	318
25	1850	352
30	2145	374
35	2415	409

3.4   基于 IHACA-COpSPIEL 算法无线传感器布局与传输优化

　　林草监测预警前端系统的无线传感器大区域部署时，受节点成本、通信效能等诸因素限制，为此，我们提出一种 IHACA-COpSPIEL（Improved Heuristic Ant Colony Algorithm-Chaos Optimization of Padded Sensor Placements at Informative and cost-Effective Locations）传感器布局方法，在优化布局的同时，实现低通信成本部署节点的目的。

3.4.1   布局与传输优化研究背景

　　受节点成本等因素限制，传感器布局不能过于密集，同时因林草内部无线信号传播距离受限，通信成本高，传感器布局亦不能过于稀疏。因此如何在满足监测要求前提下合理规划传感器布局成为当前研究热点。

　　2005 年，Guestrin 等[26]提出采用基于互信息的优化准则使部署节点的集合能包含未选点信息，并采用贪婪方差启发式算法放置传感器以使互信息最大化，以及传感器布局达到最优，但该方法未考虑通信成本约束。2008 年，Krause 等[27~28]对贪婪算法进行改进，提出 pSPIEL 算法解决在通信成本约束条件下的传感器布局优化问题，但算法使用传感器数量过多。2012 年，Xiaopei Wu 等[29]研究土壤温湿度传感器的最佳布局。在固定部署成本下，提出了粗粒度排序聚类算法。它基于簇部署传感器，达到了较好成本-效益权衡，但其算法有效性依赖于土壤湿度模拟器（tRIBS）模型。2018 年，Mario 等[30]建立高斯模型，在固定成本约束下，改进贪婪算法，提出 SUPSUB 方法最小化子模集函数，但仅考虑了传感器数量，并未考虑节点间通信传输成本。2018 年，Chenxi Sun 等[31]研究统计城市居民人口分布的传感器放置问题，提出了修正贪婪算法，通过在单位成本内选取信息增益最大节点优化传感器布局，但也未涉及通信传输成本。

目前对通信成本约束下传感器布局优化问题，大多采用贪婪算法进行处理，但存在通信成本过高，且容易陷入局部最优解。而混沌优化算法可增强全局搜索能力。蚁群算法被应用到从旅行商问题到通信网络的优化等问题中，并表现出良好性能，但存在搜索速度慢等缺点。pSPIEL 算法虽可解决通信成本约束下传感器布局问题，但不能达到最佳成本-效益均衡。为此，我们提出解决通信成本约束下的传感器布局优化问题的 IHACA-COpSPIEL 算法，在降低通信成本、减少传感器数量方面表现出良好性能[16]。

3.4.2　无线传感器布局与传输问题

一、问题描述

在给定林草布局目标区域中，用 V 表示该区域内具有 N 个候选监测位置的集合，$|V|$ 表示集合 V 中元素个数，$|V|=N$。节点部署目标是选择 K 个监测位置子集 A 部署节点，$A \subset V$（$|A|=K<N$）。接收基站能根据 A 所部署节点的观测值，估计集合 V 中排除 A 集合元素，由剩余元素组成集合 $V \setminus A$ 中任意位置观测值，其中 $|V \setminus A|=N-K$。

本文采用互信息描述已部署传感器集合 A 和未部署传感器集合 $V \setminus A$ 之间相关性。设集合 $V=[V_1, V_2, \cdots, V_N]$ 表示 N 个部署位置，$X_V=$

$[X_1, X_2, \cdots, X_N]$ 是描述这些位置观测结果随机变量。对于任何子集 $A \subset V$，使用 X_A 来表示与位置子集 A 相关联随机变量集合。目标函数构造为选择部署集合 A 最大化地包含未选择位置集合的互信息：

$$\max_{A \subseteq V} F(A) = \max_{A \subseteq V} [(H(X_{V \setminus A}) - H(X_{V \setminus A} | X_A)] \tag{3-17}$$

式中，$H(X_{V \setminus A})$ 表示随机变量 $X_{V \setminus A}$ 熵，$H(X_{V \setminus A} | X_A)$ 表示随机变量 $X_{V \setminus A}$ 相对于 X_A 的条件熵。

二、通信成本约束布局目标函数

设在 N 个候选点中，选择节点 i 和节点 j 部署传感器，节点间通信成本定义如下：

$$d_{i,j} = \sqrt{(x_j - x_i)^2 + (y_j - y_i)^2} \tag{3-18}$$

式中，(x_i, y_i) 为节点 i 坐标，(x_j, y_j) 为节点 j 坐标。

为获得最低通信成本，通过建立图 $G = (V, E)$，将问题转化为无向图最短路问题，其中 V 表示所有可选点，E 表示通信成本。对于任何传感器放置 $A \subseteq V$，定义所需通信成本如下：

$$C(A) = \sum_{k=1}^{n=|A|} \sqrt{(x_j - x_i)^2 + (y_j - y_i)^2} \tag{3-19}$$

式中，(x_i, y_i)、(x_j, y_j) 为集合 A 中节点坐标。

将提高传感器子模效益并降低通信成本问题转化为组合优化问题，目标函数如下式所示：

$$\max_{A \subseteq V} F(A), s.t. C(A) \leqslant B \tag{3-20}$$

其中通信成本预算 $B > 0$，式(3-20)旨在低通信成本下找到互信息最大的解集。

3.4.3　IHACA-COpSPIEL 传感器布局方法

Krause 等人改进了贪婪算法，提出 pSPIEL 算法。但其存在传感器使用数量多，通信距离长的弱点。而蚁群算法易与其他方法结合，且在路径寻优问题中表现良好性能。因此，本文将改进后的蚁群算法与混沌算子改进 pSPIEL 算法相融合，提出 IHACA-COpSPIEL 算法。

3.4.3.1 混沌优化 pSPIEL 算法

由于混沌运动可在指定范围内有效地遍历每一个状态，因此本文引入混沌算子遍历全部簇节点以确定最佳簇数，提出一种混沌优化的 pSPIEL 算法 COpSPIEL（Chaos Optimization of Padded Sensor Placements at Informative and cost-Effective Locations Algorithm）。混沌局部性参数 r 调整策略是应用混沌发生器产生一组混沌变量，再采用载波变换方法映射到局部性参数中，并将其映射到局部性参数取值范围内。Logistic 映射是一个典型的混沌系统。

$$z_{i+1} = \mu z_i (1 - z_i), i = 0, 1, 2, \cdots, z_i \in (0, 1) \tag{3-21}$$

式中，μ 为控制参数，当 $\mu = 4$ 时，系统处于完全混沌状态。

搜索 r_i 通过式(3-22) 映射到 Logistic 方程定义域（0，1）上。

$$z_i = \frac{r_i - r_{\min}}{r_{\max} - r_{\min}}, r_i \in (r_{\min}, r_{\max}) \tag{3-22}$$

通过 Logistic 方程进行迭代产生混沌序列：

$$z^m (m = 1, 2, 3, \cdots) \tag{3-23}$$

把产生的混沌序列通过式(3-24) 逆映射：

$$r_i^m = r_{\min} + (r_{\max} - r_{\min}) z_m \tag{3-24}$$

从而返回到原解空间并产生一个含有混沌变量的可解混沌序列：

$$r_i^m = (r_1^m, r_2^m, \cdots, r_i^m) \tag{3-25}$$

局部性参数 r 按此序列对搜索空间寻优。

3.4.3.2 IHACA 算法

蚁群算法是受真实蚁群行为启发而提出的，已被应用于通信网络等优化中。蚁群算法利用信息素作为蚁群中蚂蚁间通信媒介。在传感器布局时，须使蚂蚁沿子模增益大的节点方向移动。但传统蚁群算法存在盲搜索问题，容易落入局部最优解空间。为改进启发式函数和信息素，我们提出了一种改进的启发式蚁群算法（Improved Heuristic Ant Colony

Algorithm，IHΛCA）。

启发函数为当前节点 i 到下一节点 j 的欧式距离倒数，未考虑下一节点 j 到相邻簇首的距离关系，搜索存在盲目性。为此，本文加入下一节点 j 和相邻簇 G_i 的簇首间欧式距离，改进后的启发函数如下：

$$\eta_{ij} = \frac{1}{wdist(i,j) + (1-w)dist(j,g_{i1})}, w \in (0,1) \quad (3\text{-}26)$$

式中，g_{i1} 为簇 C_i 首节点，w 为权值。

为避免因信息素浓度过大而早熟、停滞或陷入局部最优问题，本文采用局部和全局结合的信息素更新机制，对传统蚁群算法进行改进。信息素局部更新有助于蚂蚁选择未选择的点，信息素全局更新有助于增强算法全局搜索能力[16]。

每只蚂蚁从节点 i 移动到节点 j，需对行走路径 (i,j) 上的信息素做局部更新：

$$\tau_{ij}(n+1) = \xi\tau_{ij}(n) + \varepsilon\tau_0 \quad (3\text{-}27)$$

式中，n 为迭代次数，ξ 为局部信息素蒸发系数，τ_0 为初始条件下信息素，ε 为常数。

当所有蚂蚁完成本次迭代，选取本次迭代最短路径与最长路径，对路径上的信息素做全局更新：

$$\tau_{ij}(n+1) = \rho\tau_{ij}(n) + (1-\rho)\sum_{k=1}^{m}\Delta\tau_{ij}^{k} \quad (3\text{-}28)$$

$$\Delta\tau_{ij}^{k} = \begin{cases} \dfrac{Q}{L_{\text{best}}}, L \in L_{\text{best}} \\ -\dfrac{Q}{L_{\text{worst}}}, L \in L_{\text{worst}} \\ 0, \text{其它} \end{cases} \quad (3\text{-}29)$$

式(3-28) 与式(3-29) 中，m 为蚂蚁个数，ρ 为全局信息系蒸发系数，τ_{ij}^{k} 为蚂蚁 k 在路径 (i,j) 上留下的信息素，Q 为信息素质量系数，L_{best} 为最短路径，L_{worst} 为最长路径。

3.4.3.3　IHACA-COpSPIEL 算法

（1）分簇　采用式(3-25) 局部性参数 r 混沌序列对，将位置 V 随机

分成直径为 ar 的小簇，$\alpha \in (0,1)$。将靠近簇边界节点剥离，使簇间更好分离。

（2）建立模块近似图 在第 i 个簇 C_i 内，采用贪婪算法在 n_i 个节点上获得排序 $g_{i,1}, g_{i,2}, \cdots, g_{i,n_i}$，按此顺序连接节点以形成簇链，通过这些链从 G 创建一个模块近似图 G'。在 G' 上采用模块化定向运算算法，求解相应目标函数；并根据 G 中相应的最短路径扩展 G' 中所选路径，并输出解集 A'。

（3）选择下一位置 将上一步解集 A' 的首节点作为 IHACA 算法初始值，改进蚁群算法从首节点根据式（3-30）选择下一个位置，将所选位置加入蚂蚁 k 的禁忌表 $tabu_k$。$\eta_{i,j}^{\beta}$ 由式（3-26）计算，$\tau_{i,j}$ 由式（3-31）计算。

$$P_{ij}^k = \frac{\tau_{ij}^\alpha \eta_{ij}^\beta}{\sum_{j \in A} \tau_{ij}^\alpha \eta_{ij}^\beta} \tag{3-30}$$

$$\tau_{ij} = F(C_i \cup k_j) - F(C_i) \tag{3-31}$$

式（3-30）中，α 为路径权重，β 为启发式信息权重，τ_{ij} 表示从簇 C_i 到第 k_j 节点路径上信息素值。

（4）信息素更新 下一位置确定后，根据式（3-27）对蚂蚁走过路径 (i,j) 信息素更新；当所有蚂蚁均走到终点，根据式（3-27）更新全局信息素，清空禁忌表。

IHACA-CpSPIEL 算法流程表 3-4 所示。

表 3-4 IHACA-CpSPIEL 算法流程

Improved Heuristic Ant Colony Algorithm-Chaos Optimization of Padded Sensor Placements at Informative and cost-Effective Locations(IHACA-COpSPIEL).

Input：Position set V and covariance matrix
Output：Solution set A
1：Initialize parameters：$\alpha, \beta, \omega, \xi, \tau_0, \varepsilon, n_{\max}$
2：Divide V into mcmax clusters$\{C_i | i \in [1, m_{\text{cmax}}]\}$
3：**for** each cluster C_i **do**
4： Sort position points in C_i by greedy algorithm and then get the ranks of $g_{i,1}, g_{i,2}, \cdots, g_{i,ni}$
5： Connect $g_{i,1}, g_{i,2}, \cdots, g_{i,ni}$ to form a chain which is then included into G'_i.
6：**end**

续表

Improved Heuristic Ant Colony Algorithm-Chaos Optimization of Padded Sensor Placements at Informative and cost-Effective Locations(IHACA-COpSPIEL).

7：Uses G' as input of block-oriented algorithm to solve $F(A)$ and then get the solution A'',
where $G'=\{G'_i\,|\,i\in[1,m_{\text{cmax}}]\}$

8：**while** a given maximum mutural information in A'' is not reached **do**

9： Select nodes for A'' with greedy algorithm

10：**end**

11：$A'=A''$

12：**for** $n=1$：$n_{\max}$ **do**

13： **while** a given maximum mutural information in A'_n is not reached **do**

14： Select IHACA initial points in A'_n from head nodes in A'

15： Select next point with Equation(3-30)

16： Update local pheromone $\tau_{ij}(n)$ with Equation(3-31)

17： **end**

18： **if** $C(A'_n)\leqslant B$ **then**

19： ：$A=A'_n$ and output A

20： **return**

21： **end**

22： Update global pheromone $\tau_{ij}(n)$ with Equation(3-28)

23：**end**

24：$A=A'_n$ and output A

25：**return**

3.4.4　无线传感网络路由协议

3.4.4.1　通信模型

传感器节点发送数据能耗如式(3-32) 所示：

$$E_{TX}(k,d)=E_{\text{elec}}(k)+E_{\text{amp}}(k,d)=\begin{cases}kE_{\text{elec}}+kE_{fs}d^2,d<d_0\\kE_{\text{elec}}+kE_{\text{mp}}d^4,d\geqslant d_0\end{cases} \tag{3-32}$$

式中，k 为发送数据比特数，d 为传输距离，$E_{\text{elec}}(k)$ 为发射电路发送 k bit 数据能耗，$E_{\text{amp}}(k,d)$ 为传输距离为 d 时传输功率放大器发送 k bit 数据能耗，E_{elec} 为发射或接收电路单位能耗，d_0 为阈值，E_{fs} 为自由空间信道模型下传输功率放大器能耗参数，E_{mp} 为多径衰落信道模型下传输功率放大器能耗参数。

接收电路接收 k bit 数据能耗计算如式(3-33) 所示。

$$E_{RX}(k) = E_{TX-elec}(k) = kE_{elec} \tag{3-33}$$

3.4.4.2　最优分簇

簇首数目对网络性能影响很大，根据文献 [12] 最优簇首数目如式(3-34)所示：

$$k_{opt} = \frac{\sqrt{N_A \cdot E_{fs}}}{\sqrt{2\pi \cdot E_{mp}}} \frac{M}{d_{toBS}^2} \tag{3-34}$$

式中，N_A 为集合 A 节点个数，M 为区域边长，d_{toBS} 表示节点到基站距离。

节点当选簇首的概率如式(3-35) 所示：

$$p = \frac{K_{opt}}{N_{rounds}} \tag{3-35}$$

式中，N_{rounds} 为轮数。

3.4.4.3　适应度函数

适应度值是考虑了簇内紧密性、簇间分离性和总消耗能量等最佳解决方案参数。

紧密性指内部距离，指簇内节点和簇首（CH）间距离：

$$C = \sum_{i=1}^{CHs} \sum_{\forall n \in C_i} d(n, CH_i) \tag{3-36}$$

分离性指簇间距离，指各簇首间最小距离：

$$S = \min_{\forall C_i, C_j, C_i \neq C_j} [d(CH_i, CH_j)] \tag{3-37}$$

总消耗能量指簇首通信能耗 E_{CH} 和普通节点通信能耗 E_{NN}。其中，簇首能耗包括接受簇内节点发送数据所需能耗 E_{RN}，将收集数据进行融合所需能耗 E_{HD} 以及将数据发送给基站所需能耗 E_{TB}。普通节点能耗包括将数据发送到簇首所需能耗 E_{TH}。假设总节点数为 N_A，簇首数目为 m，每个簇内普通节点为 n_1，n_2，$\cdots$，n_m。

$$\begin{aligned} E_{CH} &= E_{RN} + E_{HD} + E_{TB} \\ &= kE_{elec}n_i + kE_{DA}(ni+1) + (kE_{elec} + kE_{mp}l_{HB}^4) \end{aligned} \tag{3-38}$$

式(3-38) 中，E_{DA} 为单位比特数据融合所消耗的能量，l_{HB} 为簇首与基站间的距离。

$$E_{NN} = E_{TH} = k E_{elec} + k E_{fs} l_{NH}^2 \tag{3-39}$$

式(3-39) 中，l_{NH} 为簇内节点和簇首间距离。

$$E_{total} = \sum_{i=1}^{m} E_{CH_i} + \sum_{j=1}^{N} E_{NN_j} \tag{3-40}$$

在式(3-34) 中，簇内节点和簇首的紧密性越小越优，而各簇首间分离性越大越优，总消耗能量越小越好。因此适应度函数如下式所示：

$$F = \omega_1 C + \frac{\omega_2}{s} + \omega_3 E_{total}, \omega_1, \omega_2, \omega_3 \in (0,1) \tag{3-41}$$

式(3-41) 中，$\omega_1 + \omega_2 + \omega_3 = 1$。

3.4.4.4　基于 BBO 算法的路由协议

生物地理学优化（Biogeography-Based Optimization，BBO）算法是 Dan Simon 于 2008 年由首次提出的一种信息智能启发式算法。生物种群栖息地都有其相应适应度指数（Habitat Suitability Index，HSI），用于描述栖息地环境优劣，而影响适应度指数因素称为适应度指数变量（Suitable Index Variables，SIVs）。BBO 算法具有操作简单、收敛速度快、参数少等优点[22]。标准 BBO 算法采用简单线性迁移模型，但在真实生物地理环境中，物种迁徙往往是随机发生的，并不遵循此规律。而复杂接近自然迁移模型优于简单迁移模型[23]。本文采用余弦迁移模型，当栖息地物种数量较多或较少时，迁入率 λ 和迁出率 μ 变化较为平稳；当栖息地物种具有一定数量时，迁入率、迁出率变化较快。余弦迁移模型表达式如式(3-42) 和式(3-43) 所示：

$$\lambda_k = \frac{I}{2} \left[\cos\left(\frac{k\pi}{n}\right) + 1 \right] \tag{3-42}$$

$$\mu_k = \frac{E}{2} \left[-\cos\left(\frac{k\pi}{n}\right) + 1 \right] \tag{3-43}$$

式中，I 为迁移率最大值，E 为迁出率最大值，n 为最大种群数量，k 为种群数量。

突变算子通过栖息地自身信息变异，为算法提供一定全局搜索能力。

$$m_i = m_{\max}\left(1 - \frac{p_s}{p_{\max}}\right) \tag{3-44}$$

式中，$m_{\max}$ 为最大突变率，p_s 是栖息地 i 拥有 s 类物种的概率，$p_{\max} = \max(p_s)$。

基于 BBO 算法优化无线传感网络路由协议步骤如表 3-5。

表 3-5 基于 BBO 算法优化无线传感网络路由协议步骤

Biogeography-Based Optimization(BBO)-based routing protocol process.

Input：node coordinates，energy model

Output：residual energy per round，number of dead nodes，number of surviving nodes

1：Initialize parameters：number of habitats n，maximum emigration rate E，maximum immigration rate I，probability of species number for each habitat p_s，maximum number of species $p_{\max}$，maximum number of rounds $round_{\max}$

2：**for** $l = 1 : round_{\max}$ **do**

3：　　**for** $j = 1 : n$ **do**

4：　　　　Select CH according to Equation(3-34)

5：　　　　Initialize population randomly

6：　　　　Calculate the fitness value of habitat j according to Equation(3-40)

7：　　**end**

8：　　Keep habitat with the smallest fitness values as elite habitat

9：　　**while** habitat does not reach minimum fitness value **do**

10：　　　**for** $k = 1 : n$ **do**

11：　　　　Calculate the migration rate λ_k according to Equation(3-41)

12：　　　　**If** λ_k is greater than a uniformly distributed pseudo random number in $[0,1]$ **then**

13：　　　　　**for** $t = 1 : n$ **do**

14：　　　　　　Calculate the migration rate μ_t according to Equation(3-42)

15：　　　　　　**If** μ_t is greater than a uniformly distributed pseudo random number in $[0,1]$ **then**

16：　　　　　　　The roulette selection method is used to select the population to move out of the habitat t and move into the habitat k

17：　　　　　**end**

18：　　　　**end**

19：　　　**end**

20：　　**end**

21：　　**for** $i = 1 : n$ **do**

22：　　　**If** Habitat i is not an elite habitat **then**

23：　　　　Calculate the mutation rate m_i according to Equation(3-43)

24：　　　　**If** m_i is greater than a uniformly distributed pseudo random number in $[0,1]$ **then**

25：　　　　　Select population mutations in habitat i randomly

26：　　　**end**

Biogeography-Based Optimization(BBO)-based routing protocol process.
27： **end**
28： **end**
29： Calculate fitness value
30： Replace the worst habitats with elite habitats
31： **end**
32： Calculate the shortest distance from ordinary nodes to *CH*
33： Calculate the energy consumed by ordinary nodes to *CH* to transmit and receive data packets
34： Calculate the energy consumed by *CH* to sink nodes to transmit and receive data packets
35： Calculate the remaining energy,dead nodes,and surviving nodes of the sensor network
36： **If** All network nodes are dead **then**
37： **return**
38： **end**
39：**end**
40：**return**

3.4.5 实验与分析

3.4.5.1 参数设置

为了满足应用要求，本文考虑了无线传感器节点间距离。在通信能耗和节点距离等约束下，最大限度地延长整个网络使用时间和使用寿命。为了验证算法综合性能，对四种算法，即贪婪算法、pSPIEL 算法、蚁群算法和改进启发式蚁群算法等进行对比实验。BBO 路由协议用于数据传输。本文将森林环境监测区域划分为 $|V| = N = 86$ 位置，并选择一个子集部署传感器。实验参数设置如表 3-6 所示。

表 3-6　参数设置

参数	描　　述	值
N	全部可能布放传感器的位置数	10
α	路径权重	0.1
β	启发式信息权重	0.1
ξ	局部信息素蒸发系数	0.1
ρ	全局信息蒸发系数	0.1
ω	权重	0.5

续表

参数	描　述	值
Q	信息素质量系数	1
τ_0	初始条件下信息素	0.0003
ε	常数	1
p_s	栖息地 i 拥有 s 类物种概率	1
p_{max}	p_s 最大值	0.1
I	迁入率最大值	1
E	迁出率最大值	1
E_0	传感器节点初始能量	0.5J
E_{elec}	传输数据的单位比特能耗	50nJ/bit
E_{mp}	多径信道模型的传输能耗	0.013pJ/bit/m^4
E_{fs}	自由空间模型的传输能耗	10pJ/bit/m^2
$round_{max}$	最大轮数	2500
n_{max}	最大迭代次数	100

在表 3-4 IHACA-CpSPIEL 算法流程中，α 是方程（3-30）中的参数。如果 α 很大，它会使蚂蚁根据信息素搜索，很容易陷入局部极小值，而如果 α 很小，值为 0.1，将增加搜索随机性。由于同样原因，方程（3-30）中的 β、方程（3-27）中的 ξ 和方程（3-28）中的 ρ 都是 0.1。ω 是方程（3-26）中启发式函数的权重参数。为了在启发式函数上实现节点 j 到节点 i 和节点 j 到相邻簇头距离效应的平衡，ω 取 0.5。Q 是方程（3-29）中参数，取值为 1，以加强算法正反馈机制。τ_0 是方程（3-27）中参数，它需要 0.0003 的小值来增强蚂蚁选择最优路径概率。在方程（3-27）中，ε 是一个参数，它取恒定值 1。n_{max} 大于 N。

在表 3-5 基于 BBO 算法优化无线传感网络路由协议流程中，p_s 是方程（3-44）中参数。p_s 值越小越容易发生突变。因此，p_s 值为 0.1。p_{max} 是方程（3-44）中参数。它是 p_s 最大值，它取值是 1。I 是方程（3-42）中参数，E 是方程（3-43）中参数。为了使迁入率、迁出率均取值为 $[0,1]$，I 和 E 取值 1。其中 E_0、E_{elec}、E_{mp} 和 E_{fs} 取缺省值。$round_{max}$ 取决于网络所有节点生存期。

3.4.5.2 结果与分析

（1）通信成本及传感器使用数量对比 表 3-7、表 3-8 为实验数据。从表 3-7、表 3-8 可以看出本文算法较之贪婪算法、pSPIEL 算法、IHACA 算法，以最低通信成本、最少传感器数量达到与其他算法相同的布局要求。在相同互信息量时，较之贪婪算法、pSPIEL 算法、IHACA 算法，IHACA-COpSPIEL 算法通信成本最低。在 0.16 互信息量时，IHACA-COpSPIEL 算法相比 greedy 算法通信成本降低了 38.42%，比 pSPIEL 算法降低了 24.19%，比 IHACA 算法降低了 8.31%。图 3-5 为四种算法的传感器布局对比。图中小黑点表示可能的部署位置，小圆圈为部署点位置。

表 3-7 四种算法通信代价对比

互信息	通信代价			
	greedy	pSPIEL	IHACA	IHACA-COpSPIEL
0.14	49.22	36.01	39.7	35.42
0.15	59.47	50.4	45.16	40.06
0.16	71.83	58.34	48.24	44.23
0.17	74.31	62.44	60.36	53.26
0.18	78.48	70.43	67.75	64.11
0.19	80.82	78.28	78.41	75.22
0.20	98.57	95.21	97.76	89.05

表 3-8 四种算法传感器数量对比

互信息	传感器数量			
	greedy	pSPLIE	IHACA	IHACA-COpSPIEL
0.14	5	6	7	6
0.15	6	8	8	7
0.16	7	10	10	8
0.17	10	13	12	10
0.18	12	14	13	12
0.19	17	25	25	20
0.20	25	30	30	28

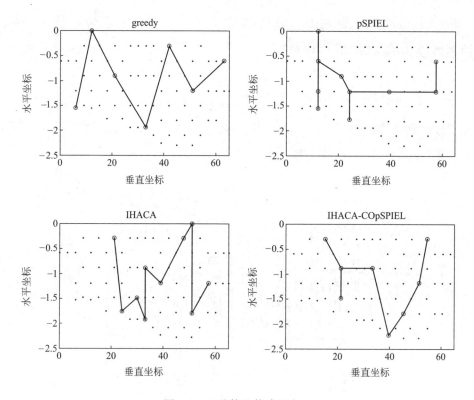

图 3-5　四种算法传感器布局

　　pSPIEL 算法随机选择 r 值，簇数也是随机的。因此，簇数目影响节点的选择，且难以获得最佳簇数，通信成本较高。IHACA-COpSPIEL 算法增加了混沌算子，它可以遍历局部参数 r 值以获得不同 r 值下簇数目。部署节点是在最佳簇集内选择的。启发式函数涉及下一节点与相邻簇头间距离以尽量减少节点间通信距离。用 COpSPIEL 算法解集的第一个节点作为 IHACA 首节点。具有最大互信息节点被选为部署点，可以减少传感器数量，降低总通信成本，因此本文算法比其他算法具有更好性能。

　　由于传感器节点部署具有子模性，为满足 0.14 互信息量，布置传感器数量较少；则每次加入传感器时，获得子模效益较大，且通信成本比贪婪算法、pSPIEL 算法与 IHACA 算法均低；为满足较高互信息量 0.20，由于布置传感器数量较多，每次加入新传感器时，获得子模效益较小，但通信成本仍较其它三种算法低。随着传感器数量增大，互信息量亦随之增大，传感器布局效果也越好。在传感器数量少时，加入新传感器，子模效益增量较大，随着传感器数量增加，再加入新传感器时，子模效益增量开始减少。

图 3-6 显示，在 0.14～0.20 互信息下，IHACA-COpSPIEL 算法成本效益比高于贪婪算法、pSPIEL 算法和 IHACA 算法。因此，IHACA-COpSPIEL 达到最佳成本效益比。

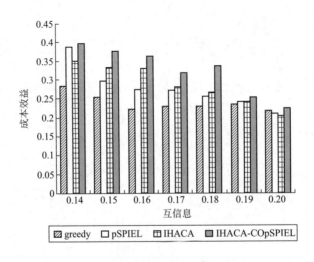

图 3-6　四种算法成本效益与互信息

（2）生命周期与平均能量对比　图 3-7 给出本文算法路由协议对贪婪算法、pSPIEL 算法、IHACA 算法在数据传输过程生命周期的结果对比。从图中可以看出，贪婪算法第一个死亡节点出现在 1368 轮，pSPIEL 算法第一个死亡节点出现在 1430 轮，IHACA 算法第一个死亡节点出现在 1272 轮，而本文算法第一个死亡节点出现在 1681 轮，说明本文算法部署的无线传感器网络生命周期更长。其原因在于 IHACA-COpSPIEL 算法部署节点通信距离最短，降低了传输能耗。图 3-8 为四种算法部署传感器后数据传输剩余能量百分数对比。IHACA-COpSPIEL 算法在每轮剩余能量百分数均高于贪婪算法、pSPIEL 和 IHACA 算法，因此，本文算法总体能耗低于其他三种算法。

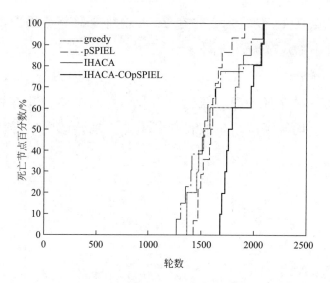

图 3-7　四种算法死亡节点百分数对比

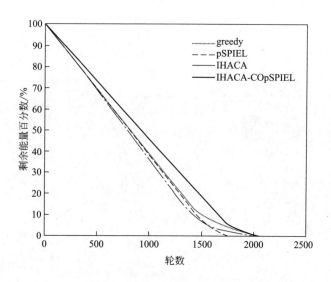

图 3-8　四种算法下剩余能量百分数对比

　　图 3-9 和图 3-10 为 IHACA-COpSPIEL 算法部署节点时，分别使用 LEACH 路由协议和基于 BBO 算法路由协议，随运行轮数增加，节点死亡与网络能耗对比。从图 3-9 可以看出，在 LEACH 协议下，第一个节点

在 1435 轮死亡,最后一个节点在 1584 轮死亡,而基于 BBO 算法路由协议,第一个节点在 1659 轮死亡,在 2071 轮时全部节点死亡,网络存活时间较前者延长了 30.74%。从图 3-10 可以看出,基于 BBO 算法路由协议的网络剩余能量一直高于 LEACH 协议的,这是因为基于 BBO 算法路由协议在选择簇首时充分考虑了簇内节点和簇首间距离、簇首和簇首间距离和总能耗,有效均衡了网络负载,使得整个无线传感网络寿命得以延长。

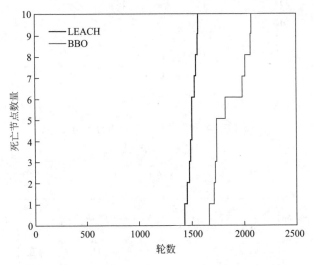

图 3-9　两种协议下死亡节点对比

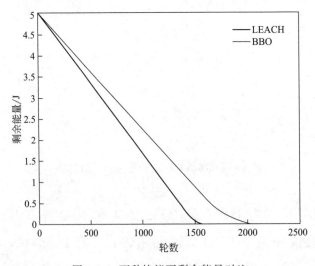

图 3-10　两种协议下剩余能量对比

（3）结论 为了降低节点成本，节约能耗，本文提出了一种 IHACA-COpSPIEL 大规模节点部署方法和基于 BBO 算法路由协议。使用互信息描述观测点与未观测点之间相关性，建立了子模数学模型，并利用图表达通信代价。本文 pSPIEL 算法利用混沌算子增强优化能力，而蚁群算法使用改进的启发式函数和信息素更新机制寻找最优路径。所做研究能够进一步解决通信成本约束下的传感器部署问题。结果表明，本文节点部署算法具有较好的传感器部署能力。与贪婪相比，本文算法降低了 38.42% 通信成本算法，同时还减少了传感器数量，并具有更长生命周期。与 LEACH 协议相比，基于 BBO 算法路由协议还具有更低能耗和更长网络寿命。

思考题

1. 简述林草火灾监测预警控制流程与无线传感器网络三要素的关系。

2. 什么是节点不确定性？

3. 大规模无线传感器布局面临什么问题？

4. 无线传感网络路由协议有哪些？什么是基于 BBO 路由协议？

5. 什么是子模函数？子模性应用于无线传感器布局优化的作用是什么？

6. 简述 IHACA-COpSPIEL 在无线传感器布局与传输中解决了哪些问题。

参考文献

[1] 于继武. 基于 ARM 的森林火险预警系统模型研究 [J]. 中国科技信息，2011，(24)：100-101.

[2] 陶冶. 基于 ZigBee 的森林火灾预警系统的设计与实现 [J]. 计算机应用，2011，32 (2)：209-211.

[3] 黄光华. 基于 Cortex_M3 的森林火灾监测 WSN 节点的设计 [J]. 中小企业管理与科技，2012，277-278.

[4] 齐怀琴. 基于 MSP430F5438 的超低功耗森林火灾预警系统设计 [J]. 测控技术，2013，32 (1)：28-32.

[5] 翟继强，王克奇. 无线传感器网络在林火监测中应用 [J]. 东北林业大学学报，2013，41 (8)：146-149.

[6] 任月清，齐利晓，杨国庆. 森林火灾监控系统中无线传感器网络拓扑研究 [J]. 消防科学与技术，2016，35 (2)：240-243.

[7] 赵子豪，王红蕾. 森林火灾监测系统的 WSN 改进路由算法 [J]. 消防科学与技术，2018，37 (9)：

1231-1234.

[8] 胡煜. 基于 6LoWPAN 的森林火灾监控系统设计 [J]. 计算机测量与控制，2014，22（4）：1099-1101.

[9] 邹士超，王文青. SURF 算法应用在森林火灾火源图像定位方面的研究 [J]. 电子元器件与信息技术，2018，1（1）：12-16.

[10] 李波，宋苗. 基于无线热传导激光传感网络的激光森林火灾定位仪 [J]. 激光杂志，2018，39（2）：143-147.

[11] 冯茂荣，王晓艳. ZigBee 无线传感与卫星定位技术在森林火灾预警中的应用 [J]. 电子世界，2019，（8）：201-202.

[12] 谢晓娟，王耀力. 基于 CVaR 子模效益模型的传感器布局优化 [J]. 微电子学与计算机，2020，37（1）：14-19.

[13] Yaoli Wang，Yujun Duan，Wenxia Di，et al. Lipo Wang. Optimization of Submodularity and BBO-based Routing Protocol for Wireless Sensor Deployment [J]. Sensors，2020，20（5），1286.

[14] David M. Doolin，Nicholas Sitar. Wireless sensors for wildfire monitoring [C]. Proceedings of SPIE Symposium on Smart Structures and Materials，2005.

[15] Mohamed Hefeeda，Majid Bagheri. Wireless Sensor Networks for Early Detection of Forest Fires [C]. IEEE International Conference on Mobile Adhoc and Sensor Systems（MASS），2007.

[16] Mohamed Hefeeda，Majid Bagheri. Randomized k-Coverage Algorithms for Dense Sensor Networks [C]. 26th IEEE International Conference on Computer Communications，2007.

[17] Niranjan Srinivas，Andreas Krause，Sham Kakade，et al. Information-Theoretic Regret Bounds for Gaussian Process Optimization in the Bandit Setting [J]. IEEE Transactions on Information Theory，2012，58（5）：3250-3265.

[18] Hyongju Park，Seth Hutchinson. Robust optimal deployment in mobile sensor networks with peer-to-peer communication [C]. IEEE International Conference on Robotics & Automation，2014.

[19] Huachun Xiong，Jinxing Xie，Xiaoxue Deng. Risk-averse decision making in overbooking problem [J]. Journal of the Operational Research Society. 2011，62（9）：1655-1665.

[20] Francisco Gonzalez-Longatt，José Rueda，István Erlich，et al. Mean Variance Mapping Optimization for the Identification of Gaussian Mixture Model：Test Case [C]. 6th IEEE International Conference Intelligent Systems. 2012.

[21] Yufu Ning，Dongjing Pan，Xiao Wang. VaR for Loan Portfolio in Uncertain Environment [C]. Seventh International Joint Conference on Computational Sciences & Optimization. IEEE Computer Society，2014.

[22] R. Tyrrell Rockafellara，Stanislav Uryasev. Conditional value-at-risk for general loss distributions [J]. Journal of Banking & Finance，2002，26（7）：1443-1471.

[23] Takanori Maehara. Risk averse submodular utility maximization [J]. Operations Research Letters，2015，43（5）：526-529.

[24] Guangmo Tong，Weili Wu，Shaojie Tang，et al. Adaptive Influence Maximization in Dynamic Social Networks [J]. IEEE/ACM Transactions on Networking，2015，25（1）：112-125.

［25］ Bryan Wilder. Equilibrium computation and robust optimization in zero sum games with submodular struc ture ［C］. AAAI Conference on Artificial Intelligence，2018.

［26］ Carlos Guestrin，Andreas Krause，Ajit Paul Singh. Near-optimal sensor placements in Gaussian processes ［C］. Proc. 22nd international conference on machine learning，2005，265-272.

［27］ Andreas Krause. Optimizing sensing：theory and applications ［M］. Carnegie Mellon University，2008.

［28］ Andreas Krause. SFO：A Toolbox for Submodular Function Optimization ［J］. Journal of Machine Learning Research，2010，11（2）：1141-1144.

［29］ Xiaopei Wu，Mingyan Liu，Yue Wu. In-Situ Soil Moisture Sensing：Optimal Sensor Placement and Field Estimation ［J］. ACM Transactions on Sensor Networks，2012，8（4）：1-30.

［30］ Mario Coutino，Sundeep Prabhakar Chepuri，Geert Leus. Submodular Sparse Sensing for Gaussian Detection with Correlated Observations ［J］. IEEE Transactions on Signal Processing，2018，66（15）：4025-4039.

［31］ Chenxi Sun，Victor O K Li，Jacqueline C K Lam. Optimal Citizen-Centric Sensor Placement for Citywide Environmental Monitoring：A Submodular Approach ［C］. IEEE SECON CoWPER - Toward A City-Wide Pervasive Environment，2018.

4.1 相关研究技术简介

　　基于视觉的林草火险影像监测采用结合图像处理技术的高性价比摄像装置，提供烟雾、火场大小、蔓延发展趋势与方向信息。因其可以较低实施成本安装或升级安装在各种环境中，如安装于铁塔、无人机等装置上，通过使用视频处理与计算视觉技术，以提供火灾预警与检测火焰与烟雾。已研发出了各种视觉传感器与森林火灾智能检测系统。

　　图 4-1 是基于视觉的林草火灾影像智能监测控制流程图，其中森林火灾影像智能检测方法由控制器智能建模实现。本章就森林火灾影像智能检

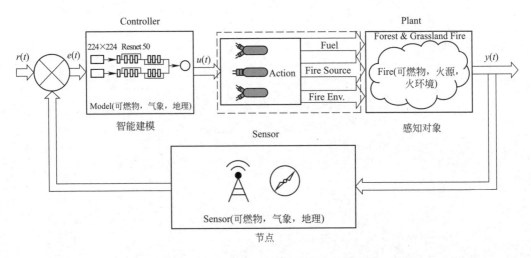

图 4-1　林草火灾影像智能监测控制流程图

测方法做实际探讨。所谓火灾智能检测方法，就是使用计算智能技术如卷积神经网络等，根据火灾图像各种特征，如火焰与烟雾的色彩、结构特点等构建火灾检测算法。由于火焰与烟雾图像的特点是运动的且无固定形状，造成传统视觉图像几何特征提取困难，且实际火灾视频图像数据分散，场景各异，训练所得的神经网络普适性差，亦成为各类智能检测方案需着重解决的问题。

与传统的视觉图像提取图像特征方法[1~5]不同，基于卷积神经网络（Convolutional Neural Networks，CNN）的深度学习方法可从大量火焰与烟雾图像数据集中自主学习，避免了人工提取特征的不足。文献［6］提出了一种级联卷积神经网络（convolutional neural networks，CNN）火灾分类器，该分类器将 AlexNet 网络与两个完全连接层和一个分类层相结合，以及文献［7］采用的一种用于视频火灾和烟雾检测的卷积神经网络，其所构建的卷积神经网络仅限于处理 2D 输入问题，需要逐帧处理视频图像，显著地增加了训练时间开销。

文献［8］提出一种新型深度归一化卷积神经网络（Deep Normalization and Convolutional Neural Network，DNCNN），该网络将传统卷积层替换为归一化层与卷积层；文献［9］采用与 GoogLeNet[10]相似模型做烟雾检测。但上述方法均需以大量数据训练模型，但在烟雾识别领域常无大量实际可用烟雾数据集。

针对火灾烟雾小数据集限制问题，文献［11］在野外森林火灾烟雾探测中使用了 faster R CNN，并通过合成图像来创建烟雾图像序列以扩展数据集。虽然合成烟雾图像可提高一定检测性能，但在数据处理及训练过程中又提高了训练成本。

近年来，利用循环神经网络（Recurrent Neural Network，RNN）解决视频烟雾检测问题有了新进展[12]。为了有效地利用长时间运动烟雾信息，文献［13］提出一种基于 RNN 递归卷积神经网络，并成功应用于视频烟雾检测领域；文献［14］提出一种深度卷积长递归神经网络（Deep Convolutional Long-Recurrent Networks，DCLRN），并将 DCLRN 网络与光流方法相结合，实现对开放空间环境下火灾实时监测。但该类方法容易受烟雾变化和与烟雾特征相似雾的干扰，在一些场景中识别率低；同时，如何结合多源信息改善烟雾检测尚需进一步研究。

上述火灾烟雾图像智能检测技术研究主要集中于对图像深度学习训练实现分类识别，随着此类研究的不断深入，方法分类准确率不断提高，但其对数据集依赖性较强，且要求训练与测试数据满足独立同分布，且需要大量训练样本。而实际不同场景、不同分辨率烟雾图像无法满足独立同分布；且在不同场景获取大量标记样本图像又非常困难、昂贵，难以实操。因此不同火灾烟雾识别方案需要训练各种不同模型，耗时费力，网络普适性差，且小样本场景训练常出现过拟合现象。

最近研究表明，基于迁移学习的火灾烟雾检测技术具有神经网络普适性强的特点，具有很好地应用前景。可利用迁移学习技术可以对大样本火灾烟雾图像数据学习训练，而在小样本烟雾图像中推广，既减少了模型训练的时间，又可以防止出现过拟合现象。

迁移学习现有方法主要从深度迁移学习角度出发。文献［12］提出了一种将 ImageNet 数据集作为源数据，利用 VGG16 模型进行基于同构数据下的特征迁移方法，为烟雾检测识别提供了一种可行手段；文献［15］使用在 ImageNet 数据集上预训练好的 VGG16 网络进行有效烟雾特征提取，并提出一种集成式长短期记忆网络，利用该网络分段融合烟雾特征，最终，构建了一种可训练的深度神经网络模型，可用于森林火灾烟雾检测。该类方法使用预训练好的 VGG16 模型特征提取，对样本数据集要求较高，且该模型网络深度较浅，对某些特征提取不充分，会导致识别分类准确率较低。

文献［13］基于循环神经网络（Recurrent Neural Networks，RNN）提出了一种递归卷积神经网络，并成功应用于视频烟雾检测领域；文献［16］引入在 ImageNet 数据集上训练好的 Inception-v3 网络，将 Inception-v3 网络中最后一层全连接层删除并重新设定，然后将之前的隐藏层中卷积层与池化层参数全部冻结，再利用收集到的烟雾小数据集进行训练，对重新设定的全连接层进行微调，得到深度迁移学习卷积神经网络烟雾检测模型。该方法在对全连接层微调过程中对数据集数量要求降低，但对于小样本数据集仍然无法准确识别分类；且深度网络复杂，参数多，微调仍耗时较长。

目前迁移学习另一个热门研究领域为领域自适应[17~18]，在解决源域数据标定目标域数据问题上具有较好效果，可以实现数据分类，且在参数数量及消耗时长上具有优越性。其中，概率分布适配法主要从三方面进行，分别是边缘分布适配、条件分布适配以及联合分布适配。最早将条件分布适配[19]应用到迁移学习中是通过特征子集对条件概率模型进行域自适应来实现的，然后对条件转移成分（CTC）[20]进行建模，使该方法得到发展。迁移成分分析（TCA）[21]将边缘分布适配应用到迁移学习中，之后多位学者对迁移成分分析（TCA）进行了扩展，如 ACA[22]、DTMKL[23]、DME[24]、CMD[25]等。联合分布对齐（JDA）[26]将边缘分布与条件分布同时考虑，效果较好，但没考虑边缘分布与条件分布的重要性，默认权值相等。平衡分布适配（BDA）[27]的提出对联合分布对齐（JDA）进行了改进，它考虑了域间的分布适应性，使之能自适应改变每个类的权重。该类方法对概率分布进行配准，但缺乏对子空间对齐的考虑，因此，其迁移效果对于烟雾检测识别具有局限性。

另外，子空间学习法是将源域和目标域变换到相同子空间，然后建立统一模型的方法，它解决域自适应问题主要从两个方面进行，分别是统计特性变换与流形学习[28]。统计特性变换方面，子空间对齐法（SA）[29]通过优化将源域子空间转换为目标子空间映射函数，使源域子空间和目标域子空间靠近，直接减少了两个域间的差异；子空间分布对齐（SDA）[30]通过增加子空间方差自适应扩展了 SA，但没考虑子空间局部属性，忽略了条件分布对齐；关联对齐法（CORAL）[31]在二阶统计量对子空间进行对齐，但没有考虑分布对齐；散点成分分析（SCA）[32]通过将样本转化为一组子空间，再最小化它们之间的散度。流形学习方面，采样测地线流方法（SGF）[33]把领域自适应问题看成一个增量式"行走"问题，在流形空间中采样有限个点，构建一个测地线流；测地线流式核方法（GFK）[34]扩展了流形中采样点思想，提出域间测地线流核学习方法；域不变映射（DIP）[35~36]通过使用格拉斯曼流形进行域自适应，但忽略了条件分布对齐；利用海林格距离来近似黎曼空间中测地线距离，提出统计流形法（SM）[37]。这些方法从子空间学习角度解决领域自适应问题，但缺乏对概率分布的配准，对于烟雾检测识别仍具有局限性。

2018 年，Wang 等人从概率分布适配法与子空间学习法的角度共同出发，提出流形嵌入分布对齐法（MEDA）[38]，不仅利用结构风险最小化原则学习了流形域上的域不变分类器，而且对边缘分布和条件分布进行了动态分布对齐，为定量计算自适应因子提供一种可行方案。该方法在迁移学习分类中取得较好效果，但在解决烟雾检测识别中仍具有缺乏特征提取部分及原始特征空间对齐部分的局限性。

为此，本文分别从基于深度卷积网络林草烟雾影像检测[15]与基于关联域林草烟雾影像迁移学习[39]两方面入手，着重阐述我们提取烟雾运动与空间特征，通过递归方法综合考虑烟雾区域属性以避免采样视频帧间存在相似性问题，以及针对火灾烟雾数据集获取困难且相对较小，而现有森林火灾烟雾检测模型过度依赖场景样本数据、训练参数过多以及训练时间过长等问题的解决方案。

4.2 基于深度卷积网络（DC-ILSTM）林草烟雾影像监测

由于烟雾影像每帧特征具有极大相似性且数据集相对较小，为充分利用烟雾的静态与动态信息，本文提出一种深度卷积集成式长短期记忆网络（Deep Convolutional Integrated Long Short-Term Memory Network，DC-ILSTM）。首先，使用在 ImageNet 数据集上预训练好 VGG-16 网络进行基于同构数据下的特征迁移，以有效提取出烟雾特征；其次，基于池化层与长短期记忆网络（Long Short-Term Memory Network，LSTM）提出了一种集成式长短期记忆网络（Integrated Long Short-Term Memory Network，ILSTM），并利用 ILSTM 分段融合烟雾特征；最后，搭建一种可训练的深度神经网络模型用于森林火灾烟雾检测。烟雾检测实验中，与深卷积长递归网络（Deep Convolutional Long-Recurrent Networks，

DCLRN）相比，DC-ILSTM 的最佳效率以优于 10 帧数量检测到烟雾，而且在测试准确率上提高了 1.23％。实验结果表明，DC-ILSTM 在林草火灾烟雾检测中有很好适用性。

4.2.1　集成式长短期记忆网络（ILSTM）

　　长短期记忆网络（LSTM）作为一种特殊循环神经网络（RNN），不仅具有 RNN 信息记忆特点，还通过增加遗忘门避免记忆的长期依赖问题。

　　LSTM 将输入映射到隐藏状态，并将隐藏状态映射到输出，可以有效地学习输入序列动态信息。在 LSTM 单元结构中，i、f、O 分别代表输入门向量、遗忘门同量、输出门向量。其内部结构如图 4-2 所示。其中 x 表输入向量，y 表输出向量，C 表单元状态向量，h 表隐层状态向量，W 表权重矩阵，b 为误差向量，σ 代表 sigmoid 函数，（h_{t-1}，x_t）表把 h_{t-1} 与 x_t 两个向量连接成一个更长向量，表逐点算子。

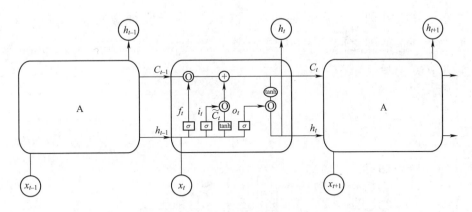

图 4-2　LSTM 单元结构示意图

　　遗忘门决定了保留多少上一时刻单元状态 C_{t-1} 信息在当前状态 C_t 中，计算公式为：

$$f_t = \sigma[W_f \cdot (h_{t-1}, x_t) + b_f] \tag{4-1}$$

输入门控制新信息的输入，计算公式为：

$$i_t = \sigma[W_i \cdot (h_{t-1}, x_t) + b_i] \qquad (4\text{-}2)$$

$$\widetilde{C}_t = \tanh[W_c \cdot (h_{t-1}, x_t) + b_c] \qquad (4\text{-}3)$$

更新记忆单元状态为：

$$C_t = f_t \cdot C_{t-1} + i_t \cdot \widetilde{C}_t \qquad (4\text{-}4)$$

输出门计算公式为：

$$o_t = \sigma[W_o(h_{t-1}, x_{t-1}) + b_o] \qquad (4\text{-}5)$$

$$h_t = o_t \circ \tanh(C_t) \qquad (4\text{-}6)$$

输出层计算公式为：

$$y_t = W_y h_t \qquad (4\text{-}7)$$

LSTM 能够分析烟雾动态变化，然而目前研究显示在烟雾变化非常缓慢和具有与烟雾极其相似特征场景下，LSTM 检测率低。这是由于在相同视频中，采样视频帧特征具有相似表示。为此，本文提出了 ILSTM 方法。

ILSTM 模块结构图如图 4-3 所示。该模块，首先将输入的烟雾特征序列进行分段处理；然后，通过公式(4-8) 将分段烟雾特征 $x_t \in R^{4096}$ 映射到 $[0, 1]$ 范围之间，x_t 为实际值、x'_t 为归一化后值、$x_{\max}$ 与 $x_{\min}$ 为特征值中最大与最小值；

$$x'_t = \frac{x_t - x_{\min}}{x_{\max} - x_{\min}} \qquad (4\text{-}8)$$

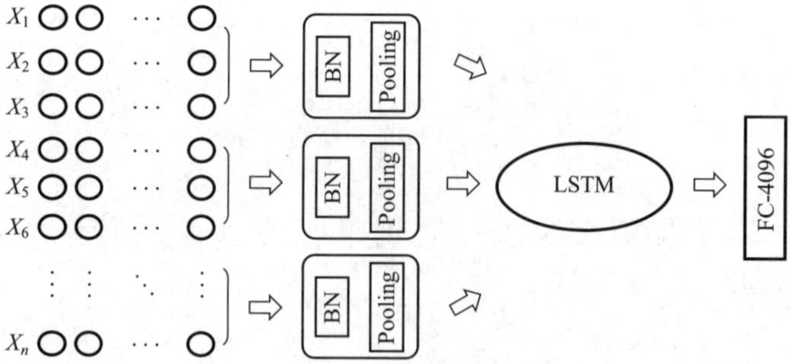

图 4-3 ILSTM 模块结构图

得到归一化输出值经过最大池化层处理；最大值池化算法就是对池化域中的特征值取最大，计算公式为：

$$S_{i,j} = \max_{i=1,j=1}^{c}(x_{ij}) + b \tag{4-9}$$

其中，c 为池化域的大小和步长、池化操作后的特征图为矩阵 S。

最后，将聚合特征输入到 LSTM 单元中，该单元将进一步融合烟雾特征进行最终检测分类。

ILSTM 方法的目的是降低输入序列维度，并学习不同特征表达。该方法先将特征序列均匀地划分成 S 个时间段；然后将每个时间段（即，长度为 N/S）特征值归一化到 [0，1]，并聚合特征通过最大池化层（卷积核大小为 2×2，步长为 2）；最后结合 LSTM 单元递归地学习输入序列时序信息。

4.2.2　基于 VGG-16 网络优化卷积层参数

本文研究几种不同参数设置的 CNN 模型用于森林火灾烟雾检测。在 AlexNet 和 GoogleNet 模型中，使用大小为 7×7 和 11×11，步长为 3 和 5 较大卷积核，会忽略烟雾区域重要特征。隐层使用 VGG-16 的大小为 3×3，步长为 1 卷积核，将有助于处理和提取烟雾图像细节特征；与 VGG-19 相比，在精度几乎相同情况下使用卷积层和参数较少。VGG-16 与其他 CNN 模型参数比较如表 4-1 所示。可以看出，VGG-16 在 ImageNet 数据集上 top-1 准确率、top-5 准确率和 top-5 测试错误率均优于其它架构。因此，根据森林火灾烟雾检测问题对 VGG-16 模型体系结构进行了改进。

表 4-1　VGG-16 与其他 CNN 模型参数比较

模型	参数量/百万	Top-1 准确率/%	Top-5 准确率/%	Top-5 错误率/%
GoogleNet	60	69.8	89.3	6.7
AlexNet	7	57.5	80.3	16.4
VGG-16	138	70.5	91	7.3

　　基于 VGG 16 网络迁移学习模型如图 4-4 所示。在 ImageNet 数据集上对模型微调，用于森林火灾中烟和非烟预期分类。图 4-4 左侧是本文所使用的烟雾识别模型，主要由卷积层和下采样层交替构成。该模型共包含 13 个卷积层、5 个下采样层，以及 1 个全连接层。其中，第一段由 $3\times3\times64$ 卷积核构成的两层卷积层、第二段由 $3\times3\times128$ 卷积核构成的两层卷积层、第三段由 $3\times3\times256$ 卷积核构成的三层卷积层、第四段由 $3\times3\times512$ 卷积核构成的三层卷积层、第五段由 $3\times3\times512$ 的卷积核构成的三层卷积层、最后连接一层全连接层，神经元个数为 4096。模型由 VGG-16 网络迁移得到，同时加载了对应的 VGG-16 网络已经训练好的参数。

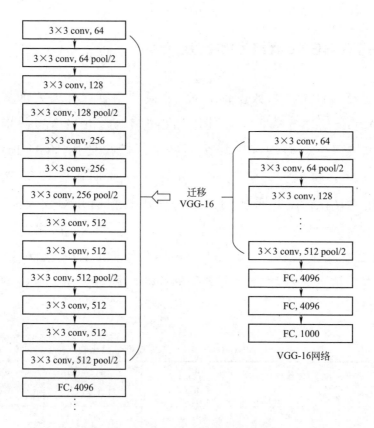

图 4-4　基于 VGG-16 网络迁移学习模型

4.2.3　基于 DC-ILSTM 网络森林火灾烟雾检测方法

方法目标是构建一种可训练的深度神经网络模型实现森林火灾烟雾检测。DC-ILSTM 网络模型结构如图 4-5 所示。该模型首先用 VGG-16 提取 N 维特征；其次，K 帧视频形成一个长度为 K 的 N 维特征序列，即 $K \times N$ 序列；然后，将 $K \times N$ 序列平均划分为 S 个时间段进行 ILSTM 模块处理；最后，通过 ILSTM 模块的输入映射到连接层输出二分类结果。

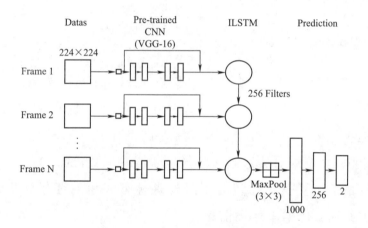

图 4-5　DC-ILSTM 网络模型结构图

在迁移学习中，使用基于 ImageNet 数据集 VGG-16 模型作为 CNN 模型来提取每帧烟雾特征。实验表明，在 ImageNet 数据集上训练的网络具有更好泛化性能。

在烟雾特征融合过程中，ILSTM 模块使用最大池化层或平均池化层可以进一步提高视频检测准确率；同时，ILSTM 结构使用了 256 个过滤器，且大小为 3×3、步长为 1。实验表明，相比直接使用 LSTM 网络，ILSTM 网络显著提高烟雾检测准确率。

动态地输入该模型一组任意长度图片帧，静态地输出两种类型结果，即有烟与无烟。算法主要步骤如下：

① 提取视频每帧图像，预处理数据。按有烟和无烟进行分类处理、调整大小（3×224×224）、随机变换（随机旋转、剪切、翻转等）和归一化。

② 预训练一个基于 ImageNet 图像分类的 VGG-16 模型。

③ 训练 DC-ILSTM 模型。

（注：共享预训练 VGG-16 模型的序列空间特征，以上特征输入到 ILSTM 单元，经过 ILSTM 序列特征融合进行二分类检测。）

4.2.4 实验结果与分析

4.2.4.1 实验数据集

目前研究视频烟雾检测的数据集有文献［15］、文献［16］、文献［17］、文献［18］和文献［14］等，其中，最大数据集来自文献［14］。本实验数据集综合了以上五个数据集和额外收集关于森林环境数据，共制作的数据集由 60 个烟雾视频和 150 个非烟雾视频组成。为了体现本方法具备的良好性能，数据集中包含了野外森林有雾和无雾等复杂天气情况。表 4-2 描述了六个数据集详细信息。

表 4-2　六个数据集的详细信息

数据集	烟雾视频/个	非烟雾视频/个	平均帧数/帧	描述
B. C. Ko et al	6	10	120	6 个烟雾视频，10 个似烟雾视频
Toreyin et al	20	0	147	包含室内和室外烟雾视频
R. Vezzani et al	14	0	42	室外烟雾视频
Lin G et al	20	10	30	20 个烟雾视频，复杂背景下 10 个非烟雾视频
Hu C et al	50	130	35	100 个火灾视频中包括 50 个烟雾视频
Ours	60	150	30	60 个烟雾视频包括了野外森林、有雾和无雾不同的天气情况等

4.2.4.2　实验评价标准

本文利用精确率（Precision）、召回率（recall）和两者的调和均值 $F1$ 来衡量网络性能，计算公式为式(4-10)～式(4-13)：其中，

TP——预测正类为正类；

TN——预测负类为负类；

FP——预测负类为正类；

FN——预测正类为负类。

准确率 $\qquad (Accuracy)=\dfrac{TP+TN}{TP+TN+FP+FN}$ （4-10）

精确率 $\qquad (Precision)=\dfrac{TP}{TP+FP}$ （4-11）

召回率 $\qquad (Recall)=\dfrac{TP}{TP+FN}$ （4-12）

精确率和召回率的调和均值 $\qquad F1=\dfrac{2TP}{2TP+FP+FN}$ （4-13）

4.2.4.3　实验结果与分析

实验视频包括 60 个烟雾视频和 150 个非烟雾视频。采用交叉验证方法将样本集按照比例被划分为训练集、验证集和测试集。其中，训练集占总样本 50%，包括 30 个烟雾视频、70 个非烟雾视频；验证集和测试集各占 25%，各包含 15 个烟雾视频、40 个非烟雾视频。

（1）VGG-16 网络与其它 CNN 网络迁移学习对比　表 4-3 显示了使用 VGG-16 方法和其它方法在验证集上各参数的对比。可以看出，使用 AlexNet 准确率最低，假阳性和假阴性分值最低；虽然使用 GoogleNet 检测结果要优于 AlexNet，但与 VGG-16 模型相比，其准确率仍然较低，误报率较高。具体而言，与 AlexNet 和 GoogleNet 相比，VGG-16 取得较好效果，其中，最小假阳性为 2.60%、最小假阴性为 2.46%、最高

准确率达 93.31%，因此，使用 VGG-16 模型性能优于其它模型。

表 4-3　训练过程中验证集的准确率

模型	假阳性/%	假阴性/%	准确率/%
GoogleNet	2.84	2.53	92.65
AlexNet	3.17	2.61	90.05
VGG-16	2.60	2.46	93.31

（2）基于 VGG-16 网络的 LSTM 与 ILSTM 检测效果对比　分别使用 VGG-16 网络结合 LSTM 网络与改进的 ILSTM 网络进行对比。该实验分别对使用 LSTM 和 ILSTM 进行测试。表 4-4 显示了训练过程中验证集的假阳性、假阴性和准确率。可以看出，结合 ILSTM 模块准确性要优于 LSTM，其中，假阳性最小为 2.41%、假阴性最小为 2.26% 和最高准确率为 94.53%，准确率明显提高了 1.32%。

表 4-4　训练过程中验证集的准确率

模型	假阳性/%	假阴性/%	准确率/%
ILSTM	2.41	2.26	94.53
LSTM	2.57	2.41	93.21

（3）基于 DC-ILSTM 网络森林火灾烟雾检测方法与其它方法检测效果对比　训练 DC-ILSTM 网络时，每次迭代使用 8 个视频。使用 VGG-16 对 8 个视频分类；而在 ILSTM 模型中，以 30 帧图像平均地划分为 3 个时间段进行分类；最后 ILSTM 模型分类结果作为最终检测结果。我们分别对 VGG-16 模型和 DC-ILSTM 模型进行了测试。

表 4-5 显示了验证集准确率。可以看出，结合 ILSTM 单元的检测效果优于 VGG-16 模型，且准确率明显提高了 1.22%。

表 4-5　验证集准确率

模型	假阳性/%	假阴性/%	准确率/%
VGG-16	2.60	2.46	93.31
DC-ILSTM	2.41	2.26	94.53

视频样本如图 4-6(a)～(h) 所示。实验分别用 VGG-16 模型和 DC-ILSTM 模型对提取帧的 55 个视频进行测试。除此之外，与在文献 [14] 中 Hu C 等人提出的深卷积长递归网络（DCLRN）和在文献 [13] 中 Filonenko A 等人提出使用卷积和递归网络用于视频序列烟雾检测方法对比。表 4-6 是以最早检测到的帧数为指标，评估各个方法的检测效果。可以看出，本文方法检测效率高。例如，在 Video2 中，视频总帧数为 190，相比 Hu C's method[14] 方法和 Filonenko A's method[13]，本文方法 DC-ILSTM 以优于 10 帧数量检测到烟雾。同样，在 1007 帧数量的 Video3 中，本文方法以 367 帧检测到烟雾，相比其它方法提早 17 帧。

(a) 公路烟雾视频　(b) 工厂烟雾视频　(c) 森林烟雾视频1　(d) 森林烟雾视频2　(e) 云视频1　(f) 强光视频

(g) 云视频2　(h) 森林烟雾视频3　(i) 雾　(j) 白烟1　(k) 白烟2　(l) 云

图 4-6　视频样本图

表 4-6　视频烟雾检测性能比较

视频类型	帧数/帧	检测帧数量		
		Hu C's 方法[14]	Filonenko A's 方法[13]	DC-ILSTM 方法
Video1 Light smoke	201	37	34	25
Video2 forest smoke	190	45	40	30
Video3 road smoke	1007	384	374	367
Video4 car smoke	470	22	23	20

本义方法性能优于其它两种方法。具体测试结果如表 4-7 所示。烟雾视频为正类，非烟雾视频为负类。本文方法取得较好性能，并且速度比较快的原因，是因为提出的 ILSTM 网络对空间和运动上下文特征融合。但在似烟雾环境下检测性能有所延迟。例如，野外森林环境中飘动的云与运动缓慢的烟雾。视频样本如图 4-6(i)～(l) 所示。

表 4-7 测试结果 （烟雾视频为正类，非烟雾视频为负类）

性能指标	Hu C's 方法[14]	Filonenko A's 方法[13]	DC-ILSTM 方法
准确率/%	93.3	93.5	94.53
精确率/%	90	91.0	91.1
召回率/%	90	90.2	89.2
$F1$/%	90	90.5	91.3

4.3 基于关联域（DC-CMEDA）林草烟雾影像迁移学习

针对森林火灾烟雾数据集获取困难且相对较小，而现有森林火灾烟雾检测模型过度依赖场景样本数据、训练参数过多以及训练时间过长等问题，本文提出了 DC-CMEDA（Deep Convolutional Correlate Manifold Embedded Distribution Alignment）模型。该模型可以实现多种小数据集之间的迁移学习分类，且大大缩短了训练时间。首先，针对森林火灾烟雾数据集小的问题，使用预训练好的 resnet50 网络进行特征迁移提取烟雾特征；其次，为对齐源域和目标域输入特征分布，提出一种关联式流形分布配准（CMEDA）以对烟雾特征进行配准对齐；最后，构建了一种可训练网络模型。本文基于卫星遥感图像与视频影像图像数据集对该模型进行评估，与深度卷积集成式长短期记忆网络（Deep Convolutional Integrated Long Short-Term Memory Network，DC-ILSTM）相比，DC-CMEDA 在视频影像图像上的准确率提高了 1.50%，在卫星遥感图像上准确率提高了 4.00%，且在收敛速度方面有很大优势。实验结果表明，DC-CMEDA 能较好地解决小样本烟雾数据集检测识别问题。

4.3.1 基于 resnet50 网络提取各领域数据特征

本文比较了不同参数设置的 AlexNet、Resnet、VGG 和 GoogleNet 模型用于森林火灾烟雾检测。在这些模型中，AlexNet、GoogleNet 使用大小为 11×11 和 7×7，步长为 3 和 5 的较大卷积核，可能会忽略烟雾区域重要特征，而 VGG 虽然使用大小为 3×3，步长为 1 的小卷积核，但是网络深度较浅不利于处理和提取烟雾图像的细节特征，且 VGG 占用空间较大，大小为 528MB。另外，与 Resnet34 相比，将两个 3×3 卷积核换成大小为 1×1，3×3，1×1 卷积核，在时间复杂度相似同时，有利于处理和提取烟雾图像每个像素特征，使精度更高，并减少了计算量。Resnet50 与其它 CNN 模型参数比较如表 4-8 所示。可以看出，Resnet50 在 ImageNet 数据集上 top-1 准确率、top-5 准确率和 top-5 测试错误率均优于其它架构。因此，本文根据森林火灾烟雾检测问题对 Resnet50 模型体系结构进行了改进。

表 4-8　Resnet50 与其它 CNN 模型参数比较

模型	参数量/百万	Top-1 准确率/%	Top-5 准确率/%	Top-5 错误率/%
GoogleNet	60	69.8	89.3	6.7
AlexNet	7	57.5	80.3	16.4
VGG16	138	70.5	91	7.3
Resnet50	256	75.9	92.9	5.25

本文基于 Resnet50 网络的迁移学习模型如图 4-7 所示。本文在 ImageNet 数据集上对模型进行了微调，并加载了对应 Resnet50 网络已经训练好参数，以便用于对两个域烟和非烟特征提取。图 4-7 左侧是本文所使用烟雾特征提取模型，主要由卷积层和下采样层交替构成。该模型共包含 49 个卷积层和 4 个下采样层，其中，第一段由 7×7×64 卷积核构成的一层卷积层；第二段由 3 个瓶颈结构构成，每个瓶颈结构分别包含 1×1×64、

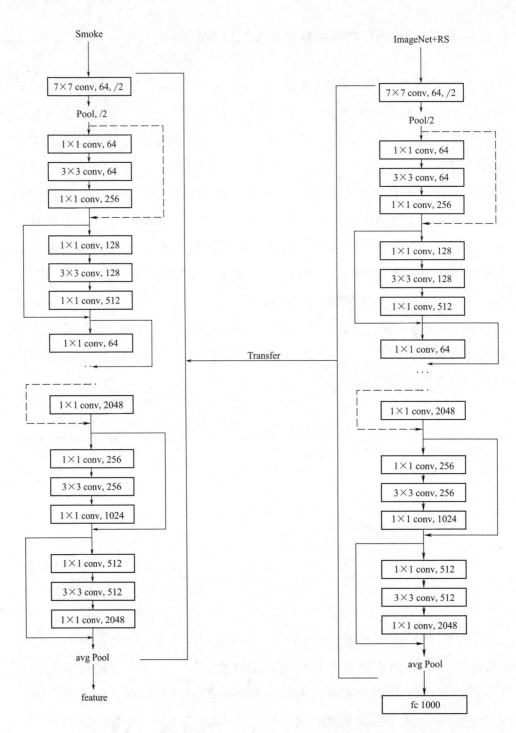

图 4-7 基于 Resnet50 网络迁移学习模型

3×3×64、1×1×256 卷积核构成的三层卷积层；第三段由 4 个瓶颈结构构成，每个瓶颈结构分别包含 1×1×128、3×3×128、1×1×512 卷积核构成的三层卷积层；第四段（图中未画出）由 6 个瓶颈结构构成，每个瓶颈结构分别包含 1×1×256、3×3×256、1×1×1024 卷积核构成的三层卷积层；第五段由 3 个瓶颈结构构成，每个瓶颈结构分别包含 1×1×512、3×3×512、1×1×2048 卷积核构成的三层卷积层。

该模型由 Resnet50 网络迁移得到，同时加载了对应 Resnet50 网络已经训练好的参数。即基于 Resnet50 网络构造卷积层；其次，以烟雾数据集作为输入，获取 ImageNet 上已训练好 Resnet50 网络中卷积层参数；最后，进行图像特征提取。

4.3.2 构建关联式流形分布配准算法

流形分布配准法（Manifold Embedded Distribution Alignment，MEDA）从概率分布适配法与子空间学习法角度出发，利用结构风险最小化原则学习流形域上域不变分类器，同时对边缘分布和条件分布进行了动态分布对齐，因此，极大地减小了域之间漂移，算法具体流程如图 4-8 所示。

相比于原始空间特征，流形空间特征具有很好的几何结构，它可避免特征扭曲，因此，为消除退化特征变换，流形特征学习是重要的处理步骤。在学习流形特征变换时，MEDA 用 d-维子空间来对数据领域进行建模，然后将这些子空间嵌入到流形 G 中。

得到流形特征后，为能够动态衡量边缘分布与条件分布的相对重要性，MEDA 引入一个自适应因子来自适应地均衡这两种分布。自适应分布适配 $\overline{G_f}$ 可以表示为式(4-14)。

$$\overline{D_f}(D_s,D_t)=(1-\mu)D_f(P_s,P_t)+\mu\sum_{C=1}^{C}D_f^{(c)}(Q_s,Q_t) \qquad (4\text{-}14)$$

式中，$\mu\in[0,1]$ 表示自适应因子，$c\in\{1,\cdots,C\}$ 是类别指示，$D_f(P_s,P_t)$ 表示边缘分布适配，$D_f^{(c)}(Q_s,Q_t)$ 表示对类别 c 的条件分

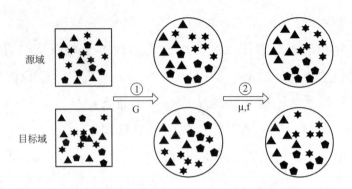

源域

目标域

图 4-8 流形分布配准法思想

①通过学习流形核 G 将原始空间中的特征转换到流形空间中；②通过学习 μ 来动态地对齐分布，

并在流形空间中通过结构风险最小化学习最终的域不变分类器

布适配。

MEDA 用最大均值差异（Maximum Mean Discrepancy，MMD）来计算两个概率分布之间差异性。两个概率分布 p 和 q 之间的 MMD 距离被定义为 $d^2(p,q)=\{E_p[\phi(Z_s)]-E_q[\phi(Z_t)]\}^2_{\mathscr{H}_K}$，其中 $\mathscr{H}_K$ 是由特征映射 $\phi(\cdot)$ 所张成的再生核希尔伯特空间（Reproducing Kernel Hilbert Space，RKHS），$E(\cdot)$ 表示嵌入样本均值。

最后，MEDA 对流形学习与动态分布对齐总结，通过结构风险最小化学习最终的域不变分类器：

$$f = \underset{f\in \sum_{i=1}^{n}\mathscr{H}_K}{\mathrm{argmin}}\ l\{f[g(x_i)],y_i\}+\eta\|f\|^2_K+\lambda\overline{D_f}(D_s,D_t)+\rho\overline{R_f}(D_s,D_t)$$

$$(4-15)$$

式中，$g(x_i)$ 表示学习流形特征，$\overline{D_f}(D_s,D_t)$ 表示动态对齐边缘分布与条件分布，$\overline{R_f}(D_s,D_t)$ 为正则化项，该部分可以更好地学习流形空间中距离最近点几何性质。

流形分布配准迁移学习算法是处理退化特征转换和未评估分布对齐挑战的首次尝试，在分类准确率上取得了较好效果，但对烟雾图像检测识别时仍有局限性。如果在进行流形特征学习之前先对两个域输入特征分布在原始空间中对齐，会使两个域更好配准，分类准确率更高，因此本文提出

CMEDA 算法。

CMEDA 算法是在 MEDA 模块中添加了输入特征分布对齐部分，输入特征分布对齐首先将源域特征相关性去除，然后对目标域重新关联，最后将目标域关联添加到源特性中，具体流程如图 4-9 所示。

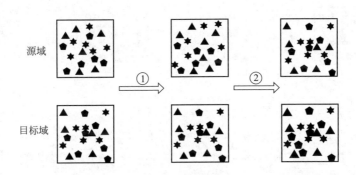

图 4-9　关联对齐输入特征分布

①去除源域的特征相关性，保持目标域不变；②对目标域重新关联，

并将目标域关联添加到源特性中，得到源域目标域对齐的特征分布

在原始空间中，对比两个域二阶统计量，并对齐源域和目标域输入特征分布。该方法可以最大限度减少域偏移。为最小化两个域二阶统计量（即协方差）之间距离，本文对原始源特征进行线性变换，并使用 Frobenius 范数作为矩阵距离度量。

$$\min_{A}\|C_{\hat{S}}-C_{T}\|_{F}^{2}=\min_{A}\|A^{T}C_{S}A-C_{T}\|_{F}^{2} \tag{4-16}$$

计算得 A：

$$A=U_{S}E=(U_{S}\Sigma_{S}^{\frac{1}{2}}U_{S}^{T})(U_{T[1:r]}\Sigma_{T[1:r]}{}^{\frac{1}{2}}U_{T[1:r]^{T}}) \tag{4-17}$$

A 中 $U_{S}\Sigma_{S}^{\frac{1}{2}}U_{S}^{T}$ 可视为去除源域特征相关性，$U_{T[1:r]}\Sigma_{T[1:r]}{}^{\frac{1}{2}}U_{T[1:r]^{T}}$ 可视为对目标域重新关联，并将目标域关联添加到源特性中。

因此，CMEDA 算法包含三部分内容。第一部分为关联对齐输入特征分布，第二部分为流形特征学习，第三部分为动态的对齐边缘分布与条件分布。算法总体流程如图 4-10 所示。

其中，流形特征学习中，用 S_{s} 和 S_{t} 分别表示源域和目标域经过主成

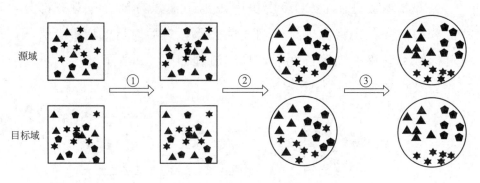

图 4-10　CMEDA 流程图

①删除源域的特征相关性，将目标域的相关性添加到源特征中，以在原始空间中获得与目标对齐的
源域特征分布；②通过学习流形核，将原始空间中的分布对齐特征转换到流形空间中；③通过学习自适
应因子，自适应地调整流形空间中的分布，并通过结构风险最小化，学习最终的域不变分类器

分分析（PCA）之后的子空间，G 可视为所有 d-维子空间的集合。每一个 d-维原始子空间都可以被看作 G 上一个点。因此，在两点之间测地线 $[\Phi(t):0{\leqslant}t{\leqslant}1]$ 可以在两个子空间之间构成一条路径。

如果令 $S_s=\Phi(0)$，$S_t=\Phi(1)$，则寻找一条从 $\Phi(0)$ 到 $\Phi(1)$ 的测地线就等同于将原始特征变换到一个无穷维度空间中，最终减小域之间漂移现象。流形空间特征可以表示为 $Z=\Phi(t)^T x$。变换后特征 z_i 和 z_j 内积定义了一个半正定测地线流式核（GFK）。

$$\langle z_i,z_j \rangle = \int_0^1 [\Phi(t)^T x_i]^T [\Phi(t)^T x_j]dt = x_i^T G x_j \qquad (4\text{-}18)$$

因此，通过 $Z=\sqrt{G}X$，原始空间特征就可变换到 Grassmann 流形空间中，核 G 可以通过矩阵奇异值分解有效计算。

另外，由于目标域数据 D_t 没有标签，直接评价目标域的条件概率分布 $Q_t=Q_t(y_t|Z_t)$ 不可行，而当样本个数足够大时，$Q_t(Z_t|y_t)$ 和 Q_t 有着很好相似性，因此，用类条件概率 $Q_t(Z_t|y_t)$ 来近似 Q_t。为近似 $Q_t(Z_t|y_t)$，在源域 D_s 上训练一个弱分类器，然后用此弱分类器在 D_t 上预测，得到目标域伪标记。由于这些伪标记置信度不高，可通过迭代修正预测结果。

4.3.3 基于 DC-CMEDA 森林火灾烟雾识别检测方法

该方法构建一种可实现微量数据集迁移分类方法来实现森林火灾烟雾检测。DC-CMEDA 模型结构如图 4-11 所示。首先，用 Resnet50 对源域、目标域数据提取 N-维特征；其次，将源域与目标域的特征进行 CMEDA 处理，即将输入分布特征对齐，并利用结构风险最小化方法在 Grassmann 流形中学习域不变分类器，同时通过考虑边缘分布和条件分布的不同重要性进行动态分布对齐；最后，实现源域到目标域烟雾图像的迁移分类。

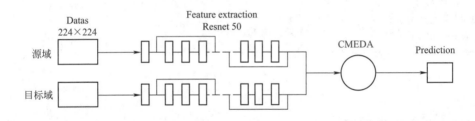

图 4-11 DC-CMEDA 模型结构

在迁移学习中，我们使用基于 ImageNet 数据集 Resnet50 模型作为 CNN 模型来提取每帧烟雾特征。实验表明，在 ImageNet 数据集上训练网络具有更好的泛化能力。

在源域到目标域迁移的过程中，用 CMEDA 将两个域输入分布特征对齐可以进一步提高图像检测准确率；同时，CMEDA 不仅利用结构风险最小化原则学习流形域上域不变分类器，而且对边缘分布和条件分布进行动态分布对齐。实验表明，相比直接使用 MEDA 网络，CMEDA 网络显著提高了烟雾检测准确率。

使用该方法对卫星遥感与视频影像两个域图像进行特征提取及迁移分类，输出有烟与无烟两种类型结果。算法主要步骤如表 4-9 所示。

表 4-9　DC-CMEDA 算法流程

Algorithm DC-CMEDA

Input：Source domain dataset $\{\boldsymbol{Simage}_i; 1 \leqslant i \leqslant M\}$

　　　　Target domain dataset：$\{\boldsymbol{Timage}_j; 1 \leqslant j \leqslant N\}$

Output：Classifier f

1：Preprocess Source and Target domain datasets：Adjust $\boldsymbol{Simage}_i$ and $\boldsymbol{Timage}_j$ to resolutions of $3 \times 224 \times 224$ and transform randomly and normalize them

2：Construct transfer learning model based on Resnet50 network

3：Perform feature extraction on $\boldsymbol{Simage}_i$ and $\boldsymbol{Timage}_j$, get feature matrices $\boldsymbol{X}_s$ and $\boldsymbol{X}_t$, and get source domain label $\boldsymbol{y}_s$

4：Obtain the feature distribution of the source domain aligned with the target domainin the original space by $\boldsymbol{X}'_s = \boldsymbol{X}_s * \boldsymbol{A}$, and get data matrix $\boldsymbol{X} = (\boldsymbol{X}'_s, \boldsymbol{X}_t)$

5：Train a weak classifier using $\boldsymbol{D}_s$, then apply the classifier to predict pseudo-label $\boldsymbol{y}_t$ in target domain $\boldsymbol{D}_s$

6：**repeat**

7：　　Calculate the adaptive factor μ using Equation(4-14)and obtain f via Equation(4-15)

8：　　Update the label of $\boldsymbol{D}_t$：$\boldsymbol{y}_t = f(\boldsymbol{X}_t)$

9：**until** Converence

10：**return** Classifier f

4.3.4　实验结果与分析

4.3.4.1　实验数据集

本文对森林火险视频监控系统中不同分辨率监测视频烟雾图像之间的迁移学习分类技术进行研究，选用大尺度融合代表卫星遥感（RS）图像与中尺度融合代表视频影像图像作为实验数据。

对于卫星遥感（RS）图像，因其可获取数据量大、成本低，易于实际应用。但其缺点是分辨率低，拍摄周期长。当检测到比较明显烟雾图像时，表示火势已经很大了，无法达到及时救灾的目的。而视频影像恰好可以克服卫星遥感（RS）图像无法实时的弱点，能够快速捕捉火情并及时反馈。对卫星遥感（RS）图像与视频影像图像迁移学习研究可使其分别发挥各自优势，达到自动判读的目的。本文数据集来源于山西省林火智能监测样本图像，如图 4-12 所示。

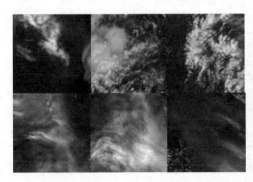

图 4-12 图像样本图

4.3.4.2 实验评价标准

本文利用精确率（Precision）、召回率（recall）和两者的调和均值 $F1$ 来衡量网络性能，计算公式见式(4-10)～式(4-13)。

4.3.4.3 实验结果与分析

实验数据集包括 200 张卫星遥感（RS）图像和 200 张视频影像图像的微量样本集，不同图像分布代表两个不同的领域。其中，每个领域分别包括 100 张有烟图像与 100 张无烟图像。

（1）Resnet50 网络与其它 CNN 网络迁移学习对比 本文使用 Resnet50 网络与其它 CNN 模型进行比较。表 4-10 与表 4-11 显示了使用 Resnet50 方法和其它方法在视频影像样本数据集与卫星遥感样本数据集上各参数对比。本文采用交叉验证的方法将各领域样本集按照比例划分为训练集、验证集和测试集。其中，训练集占总样本 50％，即 50 张有烟图像与 50 张非烟图像。验证集和测试集各占 25％，各包含 25 张有烟图像与 25 张非烟图像。

表 4-10   训练过程中视频影像样本集的准确性

模型	假阳性/%	假阴性/%	准确率/%
AlexNet	30.43	29.62	70.00
GoogleNet	26.09	25.93	74.00
VGG16	24.00	16.00	80.00
Resnet50	16.67	11.54	86.00

表 4-10 显示，对于视频影像样本数据集，使用 AlexNet 与 GoogleNet 的准确率最低，假阳性和假阴性分值最差；虽然使用 VGG16 的检测结果要优于 AlexNet 与 GoogleNet，但与 Resnet50 模型相比，其准确率仍然较低、误报率较高。具体而言，与 AlexNet、GoogleNet 和 VGG16 相比，Resnet50 取得了较好的效果，其中，假阴性为 11.54%、假阳性为 16.67%、准确率达 86.00%，因此，使用 Resnet50 模型性能优于其它模型。

表 4-11   训练过程中卫星遥感样本集的准确性

模型	假阳性/%	假阴性/%	准确率/%
AlexNet	29.17	26.92	72.00
GoogleNet	26.09	25.93	74.00
VGG16	17.39	25.93	78.00
Resnet50	16.67	19.23	82.00

从表 4-11 中可看出，对于卫星遥感验证集，使用 AlexNet、GoogleNet 与 VGG16 模型的准确率同样低于 Resnet50 模型，假阳性和假阴性分值相对 Resnet50 也较差。即，利用 Resnet50 对卫星遥感集进行实验验证相对效果较好，其中，假阳性为 16.67%、假阴性为 19.23%、准确率达 82.00%，因此，使用 Resnet50 模型性能优于其它模型。

分析表 4-10 与表 4-11，得出以下结论：

① 尽管模型参数迁移学习可以减小对数据集样本数量的要求，但对于过小的样本数据集，由于无法充分调整参数，即使是其它几种 CNN 网络，对识别分类检测准确率也较低。

② 由于实验中模型参数是由基于 ImageNet 数据集预训练模型迁移得到的，而 ImageNet 数据集中卫星遥感烟雾图像较少，因此对比表 4-10 与表 4-11 发现，卫星遥感验证集的准确率明显低于视频影像验证集的准确率。

③ 由于 Resnet50 网络模型中卷积核大小与网络深度优势，无论对卫星遥感验证集还是对视频影像验证集，其准确率均优于其他 CNN 网络。

（2）基于 Resnet50 网络的几种领域自适应方法检测效果对比　分别使用 Resnet50 网络结合 JDA、BDA、GFK、MEDA 和 CMEDA 方法进行对比测试。表 4-12 显示了卫星遥感样本集作为源域、视频影像样本集作为目标域的各种检测识别方法的假阳性、假阴性和准确率的对比结果，而表 4-13 显示了视频影像样本集作为源域、卫星遥感样本集作为目标域的对比结果。

表 4-12　卫星遥感图像到视频影像图像的迁移准确性

模型	假阳性/%	假阴性/%	准确率/%
GFK	18.18	11.88	85.00
JDA	11.32	9.57	89.50
BDA	8.82	8.16	91.50
MEDA	7.29	3.85	94.50
CMEDA	3.13	4.81	96.00

表 4-13　视频影像图像到卫星遥感图像的迁移准确性

模型	假阳性/%	假阴性/%	准确率/%
GFK	21.43	18.63	80.00
JDA	16.19	15.79	84.00
BDA	15.89	13.98	85.00
MEDA	13.08	11.83	87.5
CMEDA	11.76	9.18	89.50

表 4-12 显示，当卫星遥感样本集作为源域，视频影像样本集作为目标域时，无论从假阳性、假阴性角度还是从准确率角度看，MEDA 迁移

效果都明显优于 GFK、TDA、BDA。但将其与结合 CMEDA 模块相比，结合 CMEDA 在实验验证中效果更佳，其中，假阴性为 4.81%、假阳性为 3.13% 和准确率为 96.00%，准确率明显提高了 1.50%。

从表 4-13 中可看出，当视频影像样本集作源域，卫星遥感样本集作目标域时，CMEDA 迁移效果同样优于 GFK、TDA、BDA、MEDA，其中，假阴性为 9.18%、假阳性为 11.76% 和准确率为 89.50%，准确率提高 2.00%。

分析表 4-12 与表 4-13，可得出以下结论：

① 相比仅从子空间学习法或概率分布适配法解决领域自适应问题，结合二者的 MEDA 方法具有更好迁移效果。

② 由于在流形特征学习之前先对两个域输入特征分布在原始空间对齐，改进的 CMEDA 方法比 MEDA 迁移效果更佳。

③ 因实验中用于特征提取的 CNN 网络模型参数是由基于 ImageNet 数据集的预训练模型迁移得到的，卫星遥感图像到视频影像图像的迁移准确性低于卫星遥感图像到视频影像图像的迁移准确性。

（3）基于 DC-CMEDA 森林火灾烟雾检测方法与其它方法检测效果对比　本文与文献 [15] 提出的深度卷积长短期记忆网络（DC-ILSTM）和文献 [13] Filonenko A 等人提出的使用卷积和递归网络烟雾检测方法进行对比，验证 DC-CMEDA 方法的检测效果。

表 4-14 显示了卫星遥感图像到视频影像图像迁移准确性测试结果。相对于文献 [15] 与文献 [13] 方法，本文用卫星遥感图像对模型进行训练并微调参数，用视频影像图像作为测试集了验证检测效果。DC-CMEDA 方法准确率达 96.0%。

表 4-14　卫星遥感图像到视频影像图像迁移准确性测试结果

性能指标	Filonenko A's 方法[13]	DC-ILSTM 方法[15]	DC-CMEDA 方法[39]
准确率/%	93.5	94.5	96.0
精确率/%	93.3	93.4	94.9
召回率/%	94.2	96.2	96.8
$F1$/%	93.7	94.8	95.8

表 4-15 显示了视频影像图像到卫星遥感图像的迁移准确性测试结果，相对于文献［15］与文献［13］方法，本文用视频影像图像对模型训练并微调参数，用卫星遥感图像作为测试集验证检测效果。从表 4-15 可以看出，DC-CMEDA 方法有很好检测效果，尽管对卫星遥感图像进行检测识别，准确率也高达 89.5%。

表 4-15　视频影像图像到卫星遥感图像的迁移准确性测试结果

性能指标	Filonenko A's 方法[13]	DC-ILSTM 方法[15]	DC-CMEDA 方法[39]
准确率/%	83.0	85.5	89.5
精确率/%	82.5	86.2	88.1
召回率/%	82.5	83.5	90.8
$F1$/%	82.5	84.8	89.4

表 4-14 与表 4-15 结果显示，对小样本数据集，DC-CMEDA 方法较其它方法检测效果好，从精确率（Precision）、召回率（recall）及两者的调和均值 $F1$ 可以看出 DC-CMEDA 的方法良好性能。

（4）基于 DC-CMEDA 森林火灾烟雾检测方法与其它方法收敛速度对比　使用视频影像图像与卫星遥感图像数据集，对比 DC-CMEDA 方法与 Resnet34 结合 CMEDA 方法收敛速度。图 4-13 中右侧纵坐标从上往下

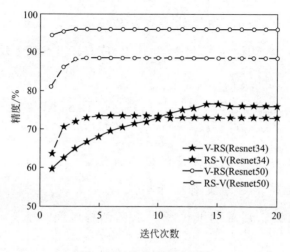

图 4-13　收敛速度对比图

第二和第四条折线图表示通过学习视频影像样本数据集，完成对卫星遥感样本数据集预测过程中每次迭代的准确率，图 4-13 中右侧纵坐标从上往下第一和第三条折线图显示了学习卫星遥感样本数据集，完成对视频影像样本数据集预测过程中每次迭代的准确率。可以发现，领域自适应方法在迭代次数小于 10 时就已经收敛，该速度远远快于深度网络检测识别方法。

4.3.5 小结

针对森林火灾烟雾检测中某些场景样本过小问题，本文提出了 DC-CMEDA 模型。该模型不仅能在深度迁移学习架构上对森林火灾小样本数据集进行特征提取，而且可结合 CMEDA 模型进行烟雾特征配准。在实验中，基于卫星遥感图像与视频影像图像数据集对该模型进行评估，分别与各种森林火灾烟雾检测方法对比。结果表明，在检测性能上，该模型以更快速度检测到烟雾；同时检测精度优于其它方法。

思考题

1. 什么是森林火灾智能检测方法？需着重解决的哪些问题？

2. 简述森林火灾烟雾图像的特点及传统视觉图像提取特征方法。

3. 什么是反馈型神经网络？为什么 RNN，LSTM 均为反馈型神经网络？

4. 深度卷积集成式长短期记忆网络 DC-ILSTM 解决火灾烟雾图像什么问题？

5. 什么是迁移学习？什么是源域、目标域、关联域？

6. 为什么迁移学习方案有助于解决现有森林火灾烟雾检测模型过度依赖场景样本数据、训练参数过多，以及训练时间过长等问题？

参考文献

［1］ Angelo Genovese，Ruggero Donida Labati，Vincenzo Piuri，et al. Wildfire smoke detection using computational intelligence techniques［C］. IEEE International Conference on Computational Intelligence for Measurement Systems and Applications（CIMSA），2011，34-39.

［2］ Yuan F. Video-based smoke detection with histogram sequence of LBP and LBPV pyramids［J］. Fire safety journal，2011，46（3）：132-139.

［3］ Toreyin B U，Dedeoglu Y，Cetin A E. Contour based smoke detection in video using wavelets［C］. European signal processing conference. 2006，1-5.

［4］ Chunyu Yu，Jun Fang，Jinjun Wang，et al. Video fire smoke detection using motion and color features［J］. Fire technology，2010，46（3）：651-663.

［5］ Yang Jia，Jie Yuan，Jinjun Wang，et al. A saliency-based method for early smoke detection in video sequences［J］. Fire technology，2016，52（5）：1271-1292.

［6］ Qingjie Zhang，Jiaolong Xu，Liang Xu，et al. Deep convolutional neural networks for forest fire detection［C］. Proceedings of the 2016 International Forum on Management，Education and Information Technology Application，2016.

［7］ Sebastien Frizzi，Rabeb Kaabi，Moez Bouchouicha，et al. Convolutional neural network for video fire and smoke detection［C］. IECON 2016-42nd Annual Conference of the IEEE Industrial Electronics Society，2016：877-882.

［8］ Zhijian Yin，Boyang Wan，Feiniu Yuan，et al. A deep normalization and convolutional neural network for image smoke detection［J］. IEEE Access，2017，5：18429-18438.

［9］ Khan Muhammad，Jamil Ahmad，Irfan Mehmood，et al. Convolutional Neural Networks Based Fire Detection in Surveillance Videos［J］. IEEE Access，2018，6：18174-18183.

［10］ Christian Szegedy，Wei Liu，Yangqing Jia，et al. Going deeper with convolutions.［C］. Proceedings of the IEEE conference on computer vision and pattern recognition. 2015：1-9.

［11］ Qi-xingZhang，Gao-huaLin，Yong-mingZhang，et al. Wildland forest fire smoke detection based on faster R-CNN using synthetic smoke images［J］. Procedia engineering，2018，211：441-446.

［12］ 王文朋，毛文涛，何建樑，等. 基于深度迁移学习的烟雾识别方法［J］. 计算机应用，2017，（11）：144-149，161.

［13］ Alexander Filonenko，Laksono Kurnianggoro，Kang-Hyun Jo. Smoke detection on video sequences using convolutional and recurrent neural networks［C］. International Conference on Computational Collective Intelligence. Springer，Cham，2017：558-566.

［14］ Chao Hu，Peng Tang，WeiDong Jin，et al. Real-time fire detection based on deep convolutional long-recurrent networks and optical flow method［C］. 2018 37th Chinese Control Conference（CCC），2018，9061-9066.

［15］ 卫鑫，武淑红，王耀力. 基于深度卷积长短期记忆网络的森林火灾烟雾检测模型［J］. 计算机应用，

2019，39（10）：2883-2887.

[16] 韩超慧，马俊，吴文俊，等. 基于深度迁移学习的烟雾图像检测［J］. 武汉纺织大学学报，2019，32
（2）：65-71.

[17] Sinno Jialin Pan，Qiang Yang. A survey on transfer learning. Knowledge and Data Engineering ［J］. IEEE
Transactions on Knowledge and Data Engineering，2010，22（10）：1345-1359.

[18] Pratik Jawanpuria，Mayank Meghwanshi，Bamdev Mishra. Geometry-aware Domain Adaptation for Unsu-
pervised Alignment of Word Embeddings ［OL］. https：//arxiv. org/abs/2004. 08243，2020.

[19] Satpal S，Sarawagi S. Domain adaptation of conditional probability models via feature subsetting［C］. PK-
DD. 2007，4702：224-235.

[20] Gong M，Zhang K，Liu T，et al. Domain adaptation with conditional transferable components ［C］. Inter-
national Conference on Machine Learning. 2016：2839-2848.

[21] Pan S J，Tsang I W，Kwok J T，et al. Domain adaptation via transfer component analysis ［J］. IEEE
Transactions on Neural Networks，2011，22（2）：199-210.

[22] Dorri F，Ghodsi A. Adapting component analysis ［C］. Data Mining（ICDM），2012 IEEE 12th Interna-
tional Conference on. 2012：846-851.

[23] Duan L，Tsang I W，Xu D. Domain transfer multiple kernel learning ［J］. IEEE Transactions on Pattern
Analysis and Machine Intelligence，2012，34（3）：465-479.

[24] Baktashmotlagh M，Harandi M，Salzmann M. Distribution-matching embedding for visual domain adapta-
tion ［J］. The Journal of Machine Learning Research，2016，17（1）：3760-3789.

[25] Werner Zellinger，Thomas Grubinger，Edwin Lughofer，et al. Central moment discrepancy（CMD）for
domain-invariant representation learning ［J］. arXiv preprint arXiv：1702. 08811，2019.

[26] Long M，Wang J，Ding G，et al. Transfer feature learning with joint distribution adaptation ［C］. in
ICCV，2013，2200-2207.

[27] Wang J，Chen Y，Hao S，et al. Balanced Distribution Adaptation for Transfer Learning ［C］. ICDM，
2017. 1129-1134.

[28] Raghuraman Gopalan，Ruonan Li，Rama Chellappa. Domain adaptation for object recognition：An unsu-
pervised approach ［C］. In Computer Vision（ICCV），2011，999-1006.

[29] Fernando B，Habrard A，Sebban M，et al. Unsupervised visual domain adaptation using subspace align-
ment ［C］. Proceedings of the IEEE international conference on computer vision. 2013：2960-2967.

[30] Baochen Sun，Kate Saenko. Subspace Distribution Alignment for Unsupervised Domain Adaptation ［C］. In
BMVC. 2015，24-1.

[31] Baochen Sun，Jiashi Feng，Kate Saenko. Return of Frustratingly Easy Domain Adaptation ［C］. In AAAI，
2016，6（8）：2058-2065.

[32] Muhammad Ghifary，David Balduzzi，W Bastiaan Kleijn，et al. Scater component analysis：A unifed
framework for domain adaptation and domain generalization ［J］. IEEE transactions on patern analysis and
machine intelligence，2017，39（7）：1414-1430.

［33］ Gopalan R，Li R，Chellappa R. Domain adaptation for object recognition：An unsupervised approach［C］. Computer Vision（ICCV），2011：999-1006.

［34］ Boqing Gong，Yuan Shi，Fei Sha，et al. Geodesic fow kernel for unsupervised domain adaptation［C］. In Computer Vision and Patern Recognition（CVPR），2012，2066-2073.

［35］ Mahsa Baktashmotlagh，Mehrtash Harandi，Mathieu Salzmann. Distribution-matching embedding for visual domain adaptation［J］. Journal of Machine Learning Research，2016，17（1）：3760-3789.

［36］ Mahsa Baktashmotlagh，Mehrtash T Harandi，Brian C Lovell，et al. Unsupervised domain adaptationby domain invariant projection［C］. In Proceedings of the IEEE International Conference on Computer Vision，2013，769-776.

［37］ Mahsa Baktashmotlagh，Mehrtash T Harandi，Brian C Lovell，et al. Domain adaptation on the statistical Manifold［C］. Proceedings of the IEEEConference on Computer Vision and Pattern Recognition，2014：2481-2488.

［38］ Jindong Wang，Wenjie Feng，Yiqiang Chen. Visual Domain Adaptation with Manifold Embedded Distribution Alignment［C］. Proceedings of the 26th ACM international conference on Multimedia，2018.

［39］ Yaoli Wang，Maozhen Li，Wenxia Di，et al. Deep Convolution and Correlated Manifold Embedded Distribution Alignment for Forest Fire Smoke Prediction，Computing and Informatics，2020，39（1）：1-21.

第 5 章

林草火灾监测预警火环境模型

5.1 研究背景与关键问题

截至 2020 年初统计，我国林草防火一半以上研究成果是对可燃物及其燃烧机理细致和深入的研究，建立了多种成熟可靠的林草可燃物模型，并成功应用于防火实践。在火环境模型研究方面，如应用广泛的林火预报模型是加拿大火险气象指数系统（FWI），是主要结合气象因子、可燃物含水率计算、小型野外点火试验的经验火险预报系统；它通过对气象因子数据形式化建模，重点描述了模拟气象因子与火灾蔓延速度之间的关系。国内通过校正或整合国外火险指数或建立区域火险指数，已建立了 60 多种区域性火险预报方法。其特点是上述火险预报系统均基于 FWI 的精确建模，而 FWI 模型建立则需要准确本地化数据，如由中小尺度气象参数确定空气湿度、环境湿度和可燃植被湿度，从而估算林草着火概率和火灾蔓延潜力等。但气象站点的实际分布情况常常无法满足 FWI 建模需求。通常做法是先根据气象站点观测到气象数据计算 FWI 系统中各组火险指数，然后利用插值方法获得整个区域范围内火险指数。这种方式未考虑气象空间变化因素造成的预报误差。因此，迫切需要中小尺度即高分辨气象数据用来预测森林火险。

为获取高分辨率气象数据，通常需要在研究区域建立均匀且密集气象站点。由于受地理环境、经济成本等诸方面条件限制，气象站点往往分布不均，导致某些区域气象要素数据获取困难，因此需对这些区域内数据做空间插值预测，从而获得整个区域完整气象数据。实现空间插值方法一般有样条函数插值法、反距离加权插值法和克里金插值法等，但由于气象因子形成是一个典型非线性过程，而上述插值方法均基于空间连续平滑假设，难以准确描述气象数据特征。运用人工神经网络揭示气象因子间非线性关系，是当前气象因子插值研究热点[1~3]。

为此，我们将气象因子插值问题归结为使用神经网络的时间序列预测问题。前期研究发现，以气象站点所处地理位置经度、纬度和海拔为网络输入，以气象站点实际观测日平均气温作为网络输出，应用反向传播神经网络（Back-Propagation Neural Network，BPNN）做时间序列预测时误差较大。经对实际气象数据做统计回归分析，发现数据中含有线性项成分。为此，我们提出具有直接输入输出连接的反向传播神经网络（Back-Propagation Neural Network with Direct Input-to-Output Connections，BPNN-DIOC）结构，解决传统 BPNN 模型在时间序列数据出现一定线性关系时预测精度低的问题。同时对网络结构普适性做了深入研究，并应用于气象因子与火灾相关性研究。以温度、相对湿度、风速和降水量为网络模型输入，以林火是否发生作为模型输出，实验结果表明 BPNN-DIOC 网络预测精度高，且该模型不仅对森林火灾发生较频繁地区有效，同时对森林火灾发生较少地区也有很好的预测效果，具有良好的普适性。

本章将针对 FWI 系统要求高分辨率气象数据实际需求，以山西省气象站点气温数据为例，讨论林火气象空间插值的新方法与新模型[2~3]。

图 5-1 是林草火灾监测预警控制流程的火环境建模图，其中林火气象空间插值方法由控制器人工神经网络环境建模实现。

5.1.1　BPNN-DIOC 理论模型

前馈神经网络（Feedforward neural network）预测是时间序列预测

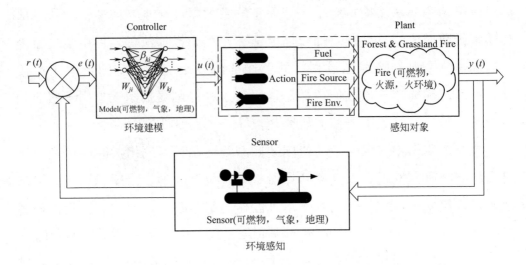

图 5-1   林草火灾监测预警控制流程中的环境建模

中最常用方法。考虑传统 BPNN 模型在时间序列数据出现一定线性关系时预测精度较低，本文给出了一种用于时间序列预测的神经网络方法，即具有直接输入输出连接的反向传播神经网络 BPNN-DIOC。采用 8 个不同数据集来验证 BPNN-DIOC 模型在时间序列预测中的有效性与泛化性。实验结果表明，与传统 BPNN 相比，BPNN-DIOC 具有更好的预测精度，可以显著改善时间序列预测能力。

5.1.1.1   研究背景

时间序列预测是根据现有历史数据预测未来数据。由于时间序列包含大量信息与规则，找到相关领域隐藏规则，并提前准确预测未知情景是非常重要的[4~6]。通过准确预测结果，可以安排未来工作，以及提前采取措施防止不利情况发生，并尽量减少损失[7~10]。

时间序列预测是利用统计技术与方法建立数学模型，以历史值为输入，以未来值为输出，然后找出满足序列数据变化的函数。随后，定量估计数据未来发展趋势[11~12]。在以往的时间序列预测研究中，大多数研究是先判断序列数据属性，然后选择合适模型进行预测。如果时间序列数据近似满足线性，则使用线性预测方法，主要包括自回归模型、移动平均模型、自滑动移动平均模型等。这些模型需要时间序列未来和历史数据的线性函数关系；否则，上述线性预测方法会造成较大预测误差。因此，当数据满足非线性时，应采用非线性方法。但是，在实际收集的时间序列数据通常是复杂和非线性的。人工神经网络在求解复杂非线性时具有自组织和强非线性的优点[13~15]。它能主动从样本数据中找到规律，用任意精度逼近非线性函数。这些优点使神经网络在非线性预测中取得了良好预测效果，并得到广泛应用。

5.1.1.2　网络描述

（1）反向传播神经网络（BPNN）　人工神经网络应用最广泛的是BPNN，它是一种基于误差反向传播（BP）学习算法的多层前馈网络[16]。在 BPNN 实际应用中，首先要确定 BPNN 特定结构，即输入层、隐含层和输出层所需隐含层和神经元的数目。为了确定隐含层数，Kolmogorov理论表明，BPNN 只用三层就可近似任何连续函数，因此一般只需选择一层隐含层[17]。而每层神经元数、输入和输出节点数取决于训练样本维数，没有固定方法确定中间隐含层节点数。

图 5-2 显示了 BPNN 结构，可看出 BPNN 由输入层、隐含层和输出层三部分组成。在同一层以及非相邻层神经元之间无任何连接，只有相邻层神经元间正向连接。显然，BPNN 具有很强非线性映射能力，输入和输出神经元之间关系可用 n 个非线性项表示，n 是隐含层中神经元数。因

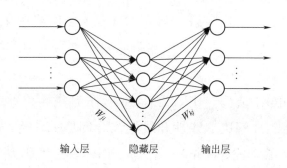

$$输入层 \qquad 隐藏层 \qquad 输出层$$

图 5-2　BPNN 结构

此，BPNN 相应输出是：

$$O_k = \sum_{j=1}^{n} w_{kj} y_j + \gamma_k \qquad (5\text{-}1)$$

$$y_j = f\left(\sum_{i=1}^{m} w_{ji} x_i + \theta_j\right) \qquad (5\text{-}2)$$

式中，O_k 是输出向量，y_j 是隐含层输出；n 是隐层节点数；m 是输入层神经元数；w_{kj} 是隐层节点和输出节点之间的权重；w_{ji} 是输入到隐层节点之间的权重；γ_k 是输出层神经元的阈值，θ_j 是隐层神经元的阈值；f 是隐层神经元的传递函数。

（2）直接输入输出连接的反向传播网络（BPNN-DIOC）　BPNN 用来实现输入和输出之间的非线性映射。然而，大多数问题都是现实生活中非线性和线性问题的组合，因此 BPNN 可能无法准确解释输入和输出样本数据之间的这种隐式关系。事实上，学习算法不仅影响 BPNN 预测精度和泛化能力，而且网络拓扑结构对预测性能也有一定影响。换句话说，当 BPNN 用于预测和估计时，学习算法和网络拓扑结构都对预测性能有一定影响。网络对未知样本泛化能力也受网络拓扑影响。

① 前期研究。Peng 等[18]提出一种改进神经网络算法，包括线性和非线性项组合表示，将输入映射到输出。Pao 等[19]提出具有随机权值和从输入层到输出层直接连接功能链路（RVFL）网络。Looney[20]扩展径向基函数神经网络（RBFNN）体系结构为一个更健壮的径向基函数链路网络（RBFLN），它还具有从输入层到输出层的直接连接，可以获得比 RBF 神经网络更精确的结果。然而，自那时起，这些网络尚未得到充分研究和发展。Ren 等[21]和 Zhang、Suganthan[22]证明了在 RWSLFN 中加入输入输出连接的 RVFL 网络，与在 RWSLFN 网络中未加入连接相比，可以改善网络泛化能力，即网络中输入到输出连接对网络预测效果有显著正面影响。

② BPNN-DIOC 结构。本文在上述工作启发下，采用 BPNN-DIOC 模型，提高了 BPNN 解决非线性和线性综合问题的能力。

图 5-3 显示了 BPNN-DIOC 结构。BPNN-DIOC 增加了基于传统 BPNN 的直接线性输入输出连接，并揭示了输入变量线性和非线性映射

的组合函数。因此，BPNN-DIOC 显示了输入和输出之间的联系，这种联系是用 m 个线性项和 n 个非线性项近似表达的。因此，BPNN-DIOC 的相应输出是：

$$O_k = \sum_{i=1}^{m} \beta_{ki} x_i + \sum_{j=1}^{n} w_{kj} y_j + \gamma_k \qquad (5\text{-}3)$$

其中 β_{ki} 是输入到输出神经元的线性连接权，其余参数如式（5-1）和式（5-2）所示。

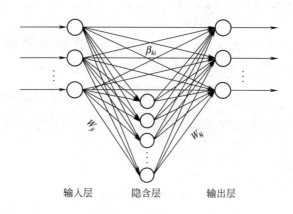

图 5-3　BPNN-DIOC 结构

与 BPNN 相似，BPNN-DIOC 训练算法是通过迭代过程调整网络参数。然而，这两种模型的主要区别在于，与 BPNN 模型相比，BPNN-DIOC 的直接输入到输出连接模拟了数据的线性分量。

5.1.1.3　实验描述

（1）数据集　本文选取 8 组常见时间序列数据集，探讨 BPNN-DIOC 模型在时间序列预测中的性能。它们的统计特征包括：长度、最值、中值、平均值，以及每个数据集标准差，如表 5-1 所示。

表 5-1　8 组时间序列数据集

序列号	数据集名称	长度	最小值	中值	最大值	平均值	标准差
1	CO_2 浓度	192	317.2500	328.2950	341.1900	328.4640	5.9627
2	牛奶产量	168	553	761	969	754.7083	102.2045

续表

序列号	数据集名称	长度	最小值	中值	最大值	平均值	标准差
3	教育待业人数	185	1441	5112	16822	6407	4538
4	失业人数	414	0.1515	2.1021	9.2871	2.7553	2.2585
5	伊利湖月水位	600	10	14.8580	20	14.9931	2.0121
6	社交媒体工资指数	207	107078	108714	115068	109384	2205
7	电力负荷需求	1440	5676.57	7811.27	10398.73	7717.34	895.9621
8	电价	1200	26.3300	64.4400	410.3900	80.0491	49.5126

（2）BPNN 变体结构　BPNN-DIOC 与 BP 神经网络区别在于输入层与输出层之间是否存在直接映射。基于是否在 BPNN 中添加输入输出连接以及输出层阈值，本文得到了四种不同的网络模型。四种不同配置的 BPNN 及其公式如表 5-2 所示。M1、M3 表示输入层未连接到输出层。

表 5-2　BPNN 不同配置

模型	输出层阈值	输入到输出连接	公式
M1	×	×	$h = f(\sum XW_1 + \theta)$ $o = \sum W_{22}h$
M2	×	√	$h = f(\sum XW_1 + \theta)$ $o = \sum W_{22}b + h$
M3	√	×	$h = f(\sum XW_1 + \theta)$ $o = \sum W_{21}X + \sum W_{22}h$
M4	√	√	$h = f(\sum XW_1 + \theta)$ $o = \sum W_{21}X + \sum W_{22}h + \beta$

其中 M2、M4 模型表示输入层与输出层连接。在表 5-2 中，h 是隐藏层神经元的输出；o 是输出层神经元的输出，X 是网络输入。W_1 为从输入层到隐含层连接权，W_{21} 是从输入层到输出层的连接权重，W_{22} 是从隐含层到输出层连接权重，θ 是隐层神经元阈值，β 是输出神经元阈值，f 是传递函数。

5.1.2　预测与分析

时间序列数据评估

时间序列预测是根据历史数据推测未来数据。如果时间序列为$\{x_n\}$，其一般形式可描述为：

$$x_{n+k} = f[x_n, x_{n-1}, \cdots, x_{n-(m-1)}] \tag{5-4}$$

式中，k 是预测步骤数；m 表示模型输入维数。当 $k=1$ 时，是最简单的单步预测；当 $k>1$ 时是多步预测。本文只讨论时间序列的单步预测，即用多个时间步骤滚动预测下一个时间步骤。

（1）输入输出变量选择　本文选取了 8 个数据集，其中数据集 1～5 是每月数据集，即每月一个数据；数据集 6 是每周数据集，即每周一个数据；数据集 7～8 是每半小时一个数据。样本输入输出模式如表 5-3 所示。

表 5-3　神经网络训练的输入输出模式

数据集	输入	输出
1	$x_1 \sim x_{12}$	x_{13}
2	$x_2 \sim x_{13}$	x_{14}
3	$x_3 \sim x_{14}$	x_{15}
⋮	⋮	⋮
n	$x_n \sim x_{n+11}$	x_{n+12}

根据控制变量算法，对不同模型采用相同初始条件，以消除初始条件对实验结果影响。隐层神经元数量测试从 1 到 30，找出测试集最佳精度，并在测试集最佳精度下获得隐层中神经元数。由于神经网络训练的随机性，每个网络结构训练 10 次，然后计算测试集平均预测精度。最后，使用获得的优化拓扑结构，在 8 个数据集中滚动预测。

（2）测量误差　影响数据误差因素很多，包括可预测性、未知及各种意外情况。因此，在预测工作中必然会出现误差。为了分析四种不同神经网络预测效果，本文采用平均平方误差（RMSE）和平均绝对百分比误差

（MAPE）用于测量网络预测性能。它们的定义如式(5-5)、式(5-6) 所示。

$$RMSE = \sqrt{\frac{1}{n}\sum_{k=1}^{n}(T_k - O_k)^2} \qquad (5\text{-}5)$$

$$MAPE = \frac{1}{n}\sum_{k=1}^{n}\left|\frac{T_k - O_k}{T_k}\right| \times 100\% \qquad (5\text{-}6)$$

式中，T 是目标向量；O 是输出向量；n 是数据长度。MAPE 是 MSE 的延伸，MAPE 是测量首选。

（3）预测结果与分析 对于每个时间序列，前 70% 用于训练，其余 30% 用于测试。由于神经网络训练的随机性，每个网络结构训练 10 次。

① 线性分析。线性神经网络具有与单层感知器相似结构，单层感知器也由输入层和输出层组成，输出层神经元具有信息处理能力。它们之间唯一区别在于感知器的激活函数是硬传递函数，而线性神经元使用线性传递函数 *purelin*。因此，线性神经网络输出可以是任意值，而不是只有两个值。线性神经网络输出可用式(5-7) 计算：

$$y = purelin(v) = purelin(\boldsymbol{w} \cdot \boldsymbol{p} + b) = \boldsymbol{w} \cdot \boldsymbol{p} + b \qquad (5\text{-}7)$$

从上面公式可看出，线性神经网络可近似为线性函数，但不能完成逼近非线性函数的计算。

为分析系统中是否存在线性因素，本文首先利用线性神经网络对时间序列进行预测。表 5-4 显示了每个数据集训练之后的网络权重和阈值，即对于每个数据集，它可以表示为如式(5-8) 所示线性关系。

$$x_{13} = w_1 x_1 + w_2 x_2 + w_3 x_3 + \cdots + w_{12} x_{12} + b \qquad (5\text{-}8)$$

表 5-4 训练后线性神经网络权重和阈值

项目	数据集 1	数据集 2	数据集 3	数据集 4	数据集 5	数据集 6	数据集 7	数据集 8
w_1	0.1444	0.2153	−0.0095	−0.0250	0.1155	0.0711	−0.0116	−0.0899
w_2	0.2215	0.1339	−0.0118	0.2088	0.1009	0.0829	0.1044	−0.0558
w_3	0.0666	−0.1163	0.0849	0.1471	0.1379	0.1197	−0.0545	0.0559
w_4	0.0114	0.2882	−0.1273	0.0237	−0.0574	−0.0538	−0.0753	−0.1183
w_5	0.0527	0.0641	0.1034	0.1207	0.1850	0.0539	−0.0491	0.1270
w_6	−0.0195	−0.1267	−0.1403	−0.0002	−0.0150	0.0826	0.0597	−0.0954

续表

项目	数据集 1	数据集 2	数据集 3	数据集 4	数据集 5	数据集 6	数据集 7	数据集 8
w_7	−0.0876	−0.0416	−0.0647	−0.1145	−0.1120	−0.0396	−0.0706	0.0125
w_8	0.0817	0.0742	0.2284	0.1286	−0.0589	0.0486	0.1056	0.1443
w_9	0.1234	−0.1944	0.0279	−0.0352	0.0823	0.1766	0.0383	0.1129
w_{10}	0.0503	0.0851	0.0742	0.1503	0.0844	0.1594	0.0291	0.0553
w_{11}	0.0992	0.2279	0.4522	0.1250	0.1113	0.1194	0.2518	0.2076
w_{12}	0.2233	0.3322	0.3341	0.2360	0.2845	0.0559	0.2699	0.4408
b	0.0371	0.0531	0.0232	0.0141	0.0770	0.1424	0.2794	0.0290

② 模型性能评价。对于四种不同 BPNN 网络变体，隐层和输出层传递函数分别为 $logsig$ 和 $purelin$，网络训练函数是 $traingda$。将隐层神经元数设置为从 1 到 30，并依次训练网络；然后以 RMSE 和 MAPE 平均值作为每个网络结构的预测精度。此外，为了比较实验结果，在相同初始条件下训练了每个数据集的四个不同模型。

a. 隐层节点优化。其他参数不变，通过调整隐层节点数，并根据训练过程中最小输出误差确定最佳隐层神经元数，重复实验。每个数据集的四种不同网络结构所需最优隐藏神经元数如表 5-5 所示。图 5-4 和图 5-5 显示了在 M3 和 M4 模型的各自训练过程中，随隐层神经元增加，数据集 7 的 RMSE 和 MAPE 变化曲线。

表 5-5 隐层节点优化

项目	M1	M2	M3	M4
数据集 1	8	1	11	1
数据集 2	12	4	11	3
数据集 3	13	2	13	4
数据集 4	18	1	18	1
数据集 5	13	2	13	1
数据集 6	18	2	17	3
数据集 7	9	1	12	1
数据集 8	7	2	8	2

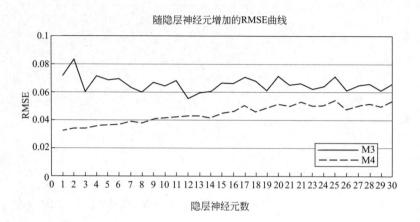

图 5-4　数据集 7 中 M3 与 M4 的 RMSE 曲线

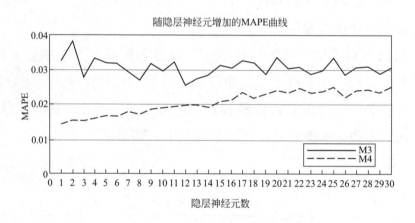

图 5-5　数据集 7 中 M3 与 M4 的 MAPE 曲线

　　显然，BPNN-DIOC 模型所需隐层神经元数量远低于传统 BPNN。因此，添加基于 BPNN 的输入输出连接可以减少隐藏层所需神经元数量，并删除一些输入到隐层权重，这些权重对网络训练结果不那么重要。因此，BPNN-DIOC 模型简化了网络结构，减少了权重调整次数。

　　b. 性能优化。使用线性神经网络 8 个数据集的预测结果见表 5-6 右栏。用 RMSE 和 MAPE 测量四种模型的性能，RMSE 和 MAPE 的平均值列于表 5-6。与 BPNN 相比，1～8 个数据集，带输入输出连接网络的 RMSE 和 MAPE 显著下降。然而，有或没有输出阈值的网络，其预测结果没有重大差别。线性神经网络预测结构如图 5-6 所示。图 5-7 是 BPNN-DIOC 和线性神经网络的 RMSE 改进百分比。从表 5-6 和图 5-7 可以看出，在数据集 1 中，使用线性神经网络的预测结果与 BPNN 相似，表明数据之间有一定线性可预测性。此外，BPNN-DIOC 大大提高了与 BPNN 相比的预测精度，RMSE 从 0.0992 降低到 0.0329。在数据集 2 中，线性神经网络预测结果较差，与 BPNN 预测结果有很大不同，表明数据之间没有明显线性可预测性。此外，与 BPNN 相比，BPNN-DIOC 在预测精度上有较小提高，RMSE 从 0.0821 降低到 0.0662。在数据集 3 中，利用线性神经网络预测结果与 BPNN 相似，表明数据之间存在一定线性可预测性。此外，与 BPNN 相比，BPNN-DIOC 大大提高了预测精度，RMSE 从 0.0653 减少到 0.0383。在数据集 4 中，使用线性神经网络的预测结果与 BPNN 相似，表明数据之间存在一定线性可预测性。此外，与 BPNN 相比，BPNN-DIOC 大大提高了预测精度，RMSE 从 0.1348 降低到 0.1070。在数据集 5 中，使用线性神经网络预测结果较差，与 BPNN 预测结果有很大不同，表明数据之间没有明显线性可预测性。此外，与 BPNN 相比，BPNN-DIOC 在预测精度上有较小提高，RMSE 从 0.0592 降低到 0.0427；在数据集 6 中，使用线性神经网络预测结果与 BPNN 相似，表明数据之间存在一定线性可预测性。此外，与 BPNN 相比，BPNN-DIOC 大大提高了预测精度，RMSE 从 0.0784 减少到 0.0517；由于数据集 7～8 是每半小时收集一次，所以 12 维输入和 1 维输出结构不能很好地解释数据之间关系。因此，线性神经网络预测结果与 BPNN-DIOC 的预测结果关系不大，但可以看出 BPNN-DIOC 的预测结果仍然优于 BPNN。因此，对于具有线性关系数据，BPNN-DIOC 在时间序列预测中起着重要作用，它可以获得比 BPNN 更好的预测精度。

表 5-6　四个不同模型和线性神经网络的 RMSE 与 MAPE 平均值

项目	M1		M2		M3		M4		线性神经网络	
	RMSE	MAPE	RMSE	MAPE	RMSE	MAPE	RMSE	MAPE	RMSE	MAPE
数据集 1	0.1003	0.0062	0.0319	0.0019	0.0992	0.0061	0.0329	0.0020	0.1041	0.0062
数据集 2	0.0803	0.0323	0.0667	0.0269	0.0821	0.0324	0.0662	0.0274	0.1437	0.0563
数据集 3	0.0659	0.1094	0.0385	0.0614	0.0653	0.1089	0.0383	0.0635	0.0817	0.1315
数据集 4	0.1357	0.1914	0.1060	0.1626	0.1348	0.1900	0.1070	0.1604	0.1527	0.2233
数据集 5	0.0581	0.0323	0.0423	0.0227	0.0592	0.0335	0.0427	0.0232	0.1231	0.0678
数据集 6	0.0765	0.0054	0.0536	0.0038	0.0784	0.0056	0.0517	0.0036	0.0893	0.0063
数据集 7	0.0525	0.0242	0.0318	0.0141	0.0552	0.0225	0.0326	0.0145	0.1078	0.0517
数据集 8	0.0763	0.2286	0.0687	0.1722	0.0761	0.2141	0.0678	0.1670	0.0891	0.2465

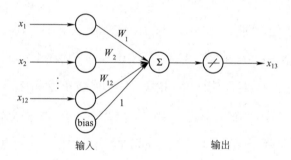

图 5-6　线性神经网络预测结构

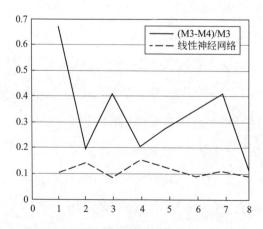

图 5-7　BPNN-DIOC 和线性神经网络的 RMSE 改进百分比

为了探讨输出偏差对预测结果是否有显著影响，我们对 M1 和 M3、M2 和 M4 两对进行了 Wilcoxon 符号秩检验。表 5-7 和表 5-8 所示的 p 值均大于 0.05，说明输出偏差对预测效果无显著影响。

表 5-7　Wilcoxon 符号秩检验 BPNN 输出偏差

数据集 1~8	RMSE	MAPE
M1 vs M3	0.3281	0.2656
M2 vs M4	0.9141	0.9219

表 5-8　Wilcoxon 符号秩检验 BPNN 输入输出连接对预测结果的影响

数据集 1~8	RMSE	MAPE
M1 vs M3	0.0078	0.0078
M2 vs M4	0.0078	0.0078

为了探讨输入输出连接对预测结果是否有显著影响，我们将 Wilcoxon 符号秩检验应用于 M1 和 M2、M3 和 M4 两对。表 5-7 和表 5-8 所示 p 值小于 0.05，表明输入输出连接对预测效果有显著影响。

③ 结论。线性神经网络预测结果与 BPNN-DIOC 预测结果有关。一般来说，BPNN-DIOC 在数据具有线性关系时间序列预测方面扮演着重要角色，可以获得比 BPNN 更好的预测精度。因此，添加基于 BPNN 的输入输出连接可以更完整地映射网络输入输出，更准确地描述时间序列数据特性。BPNN-DIOC 网络为预测模型提供了一个更通用框架。

5.2　森林火险气象指数系统应用

森林火险气象指数系统中，FWI 系统是世界上唯一能够适用从区域到全球任何范围内的系统。它以时滞-平衡含水率理论为基础，以气象站点每天午时观测气温、相对湿度、风速和降水量为输入变量计算可燃物含水率及 FWI 系统中的各组指数，进而根据 FWI 值确定森林火险等级。

FWI 系统由 6 组指数组成，具体是细小可燃物湿度码（Fine Fuel Moisture Code，FFMC）、半腐层湿度码（Duff Moisture Code，DMC）、干旱码（Drought Code，DC）、初始蔓延速度（Initial Spread Index，ISI）、可燃物累积指标数（Build Up Index，BUI）以及最终指数 FWI。其中，前三个指数 FFMC、DMC 和 DC 分别代表不同可燃物的湿度，后两个 ISI 和 BUI 分别代表可燃物的扩散速率和消耗率，最后一个指数 FWI 则是评价火强烈程度的最终指数。图 5-8 为 FWI 系统原理，从中可以看出气象数据是计算 FWI 系统各组指数的前提条件。

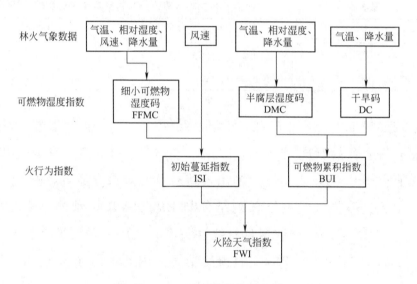

图 5-8　FWI 系统结构原理图

高分辨率气象数据是准确计算 FWI 系统各组指数的前提。本节针对 FWI 系统要求高分辨率气象数据实际需求，以山西省气象站点气温数据为例，讨论 BPNN-DIOC 模型在林火气象空间插值的应用。

5.2.1　研究数据与分析

本节以山西省气象站点的数据为例，包括 1981—2010 年累年的日平均温度、风速和降水量（不包括日平均相对湿度）。

　　山西省大部分地区在 3～5 月份气温较高、空气干燥、风力也较大，属于森林火灾高发期。本文仅选取 5 月 1 日—5 月 7 日一周的日平均气温进行空间插值预测研究。图 5-9 为全省 108 个气象站点在 5 月 1 日—5 月 7 日的日平均气温变化图。从图中可以清晰地看出，108 个气象站点在这一周中气温变化比较平缓且趋势几乎一致，但可以明显地看出第 18 号站点（五台山）、35 号站点（五台县豆村）、65 号站点（襄汾）和 93 号站点（翼城）与其它站点相比变化幅度非常大。为了保证空间插值的准确性及精度，实验中未采用这四个站点的气温数据进行研究。

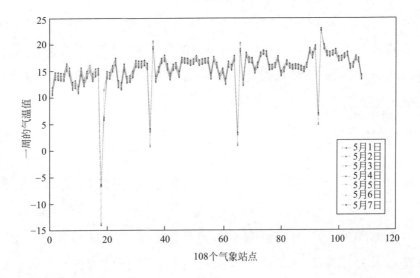

图 5-9　山西省 108 个气象站点在 5 月 1 日—5 月 7 日的日平均气温图

　　气温在某范围内的分布规律受经度、纬度、海拔、坡度和坡向等地理因子的影响，其中经度、纬度和海拔是三个最重要的因子。本文选取山西省除五台山、五台县豆村、襄汾和翼城以外 104 个气象站点所处地理位置的经纬度、海拔和气象站点观测到的 1981—2010 年累年 5 月 1 日—5 月 7 日的日平均气温为研究对象。首先分别将 104 个气象站点在 5 月 1 日—5 月 7 日的平均气温与所处位置的经度、纬度、海拔进行相关性分析，得出气温与经度的相关系数为 −0.1759，气温与纬度的相关系数为 −0.3072，气温与海拔的相关系数为 −0.5654。因此，在这三个因子中，海拔与气温的相关性最高、纬度次之、经度最小。接下来探讨基于 BPNN-DIOC 神经网络气温空间插值预测。

5.2.2　基于 BPNN-DIOC 气温空间插值研究

采用神经网络方法进行气象数据空间化研究时，需要将已知气象站点所处位置的经度、纬度和海拔作为神经网络的输入因子，将其观测到的气象因子数据作为网络的输出，从而构建神经网络模型并对其它站点的数据进行插值预测。本文在选取山西省 104 个气象站点基础上，选取其中前 70% 的 73 个气象站点相关数据作为训练样本构建基于 BPNN-DIOC 日平均气温空间插值模型，其余 30% 的 31 个气象站点相关数据作为测试样本，以实现整个区域气象数据空间化，为之后森林火险气象指数计算提供更加准确的数据。

5.2.2.1　林火气温空间插值模型

图 5-10 为基于 BPNN-DIOC 林火气温空间插值模型图，建模步骤如下：

（1）数据预处理　为了消除不同类型数据量纲造成的差异，提高网络的训练速度及外推能力，需要对数据进行归一化预处理。

（2）确定 BPNN-DIOC 网络拓扑结构　本文输入因子为气象站点所

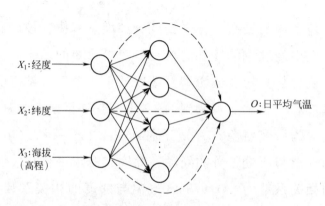

图 5-10　林火气温空间插值模型

处位置经度、纬度和海拔或高程 3 个变量，输出因子是气象站点观测日平均气温 1 个变量。图 5-10 为林火气温空间插值模型拓扑结构。

（3）网络初始化　确定网络拓扑结构后，设置相关学习参数。

（4）BPNN-DIOC 网络训练建模　根据 73 个站点数据反复训练以调整网络中所有连接权值和阈值，直到达到设定最大步数或终止条件，此时训练过程结束。

（5）空间插值预测　利用训练好模型预测其余 31 个测试站点气温数据。

5.2.2.2　结果与分析

以 5 月 1 日至 5 月 7 日一周的气温数据为例，按上述步骤采用 BPNN-DIOC 网络模型对日平均气温空间插值预测进行分析。同时为了检验 BPNN-DIOC（M1）网络插值效果，本文还采用了 BPNN（M2）对比模型进行分析。

首先确定每种网络最优拓扑结构，然后利用确定神经网络结构分别训练每天的 73 组样本，通过不断学习和训练，每天分别建立 2 组不同神经网络插值模型；最后将其余 31 个气象站点 5 月 1 日—5 月 7 日相关数据分别输入到 2 组不同网络模型中，进而计算出相应站点气温预测值，并且将预测得到结果与实际数据进行对比。

经过多次训练后显示，当 BPNN 网络拓扑结构为 3-8-1 时误差最小；当 BPNN-DIOC 网络拓扑结构为 3-3-1 时误差最小。网络对 31 个测试站点插值结果如表 5-1。表 5-9 为在 5 月 1 日到 5 月 7 日时间段内，两组不同网络模型对 31 个测试站点气温插值结果与实际气温值的均方根误差 RMSE。从结果可以看出：

① 从 5 月 1 日到 5 月 7 日，插值结果来看，M1 网络结果优于 M2 网络。

② 从 M1、M2 插值结果可以看出，BPNN-DIOC 网络与 BPNN 网络相比可以实现更准确插值。表明输入-输出连接在神经网络预测估计中起着非常重要作用，它使得网络在具有非线性映射能力的同时又具有了线性

映射能力，可以将输入更加完整地映射到网络输出。BPNN-DIOC 气温插值模型可以较好地揭示气温空间分布规律，同时为林火气象空间插值提供了一个新方法、新模型。

表 5-9　两组网络对 31 个测试站点插值结果的 RMSE（5 月 1 日—5 月 7 日）

日期	M1 BPNN-DIOC	M2 BPNN
5 月 1 日	0.0676	0.0823
5 月 2 日	0.1017	0.1142
5 月 3 日	0.0474	0.0571
5 月 4 日	0.0947	0.1065
5 月 5 日	0.0482	0.0521
5 月 6 日	0.0883	0.0981
5 月 7 日	0.0531	0.0709

5.3　气象因子与林草火灾应用

本节讨论 BPNN-DIOC 网络在分析主要气象因子，如温度、相对湿度、风速和降水量等与林火发生概率之间相关性方面的研究。下面以北方城市太原市和南方城市桂林市为例说明 BPNN-DIOC 网络的效能。

5.3.1　研究区域自然概况

太原市地处东经 $111°30' \sim 113°09'$、北纬 $37°27' \sim 38°25'$ 之间地带，属于北温带大陆性气候。年平均气温 9.5℃，冬季室外相对湿度 46%，夏季相对湿度是 51%，年平均风速为 9km/h，年均降水量 456mm。太原地区春季干燥多风，其中在 3、4、5 三个月，大部分地区气温较高、空气干燥、风力也较大，很容易引起火灾发生，这三个月中火灾发生次数占全年 80% 以上。

桂林市地处东经 $109°36' \sim 111°29'$、北纬 $24°15' \sim 26°23'$ 之间地带，属于亚热带季风气候。年平均气温 19.3℃，相对湿度 73%，风速 0.6 ～ 0.75km/h，降水量 1949.5mm。桂林地区气候适宜，十分有利于林木生长，2016 年森林覆盖率就达到了 70.91%，同时桂林森林资源较为丰富，有多达 1000 多种的植被，如银杉、红豆杉、银杏等。森林火灾也是重要灾害之一。

5.3.2　气象因子与林火发生相关性分析

本文选取太原市 2011 年 5 月 1 日—31 日、2013 年 5 月 10 日—22 日，桂林市 2005 年 6 月 1 日—30 日、2010 年 6 月 1 日—13 日的气象数据和森林火险记录作为研究对象，建立了如式(4-1) 所示的气象因子与森林火险之间的回归模型，并分析讨论了太原和桂林两个地区的温度、相对湿度、风速和降水量与森林火灾之间的关系。

$$f = \gamma_0 + \gamma_1 x_1 + \gamma_2 x_2 + \gamma_3 x_3 + \gamma_4 x_4 \tag{5-9}$$

式中，x_1 为日平均气温；x_2 为日平均相对湿度；x_3 为日平均风速；x_4 为日平均降水量。f 表示森林火灾是否发生，其中，1 表示林火发生；0 为不发生。

太原地区，回归方程 （5-9）的 F 检验值为 6.1798，对应的 p 值为 5.96×10^{-4}；对于桂林地区，该回归方程 F 检验值为 17.7902，对应的 p 值为 2.63×10^{-8}。很显然，两个地区样本的 F 假设检验对应的 p 值均低于 0.05，这充分说明当显著性水平为 0.05 时，这四个气象因子对森林火灾联合线性影响是显著的，且结果具有统计学意义。

5.3.3　基于 BPNN-DIOC 网络林火发生预测模型

5.3.3.1　输入输出神经元选取

选取日平均气温、日平均相对湿度、日平均风速和日平均降水量作为神经网络输入，森林火灾是否发生作为输出（1 表示发生，0 表示未发生）构建了如图 5-11 所示林火发生预测模型。此外，在建模之前需对所选取气象因子进行多重共线性分析（multicollinearity analysis）。以去除因子间线性相关性。所选取太原市和桂林市日平均温度、相对湿度、风速和降水量的 VIF 值分别为 0.0336、0.0507、0.0286、0.0329 和 0.0292、0.0318、0.0283、0.0322，均远小于 10，表明这两个地区 4 个气象因子之间不具有明显线性关系，可作为神经网络输入。

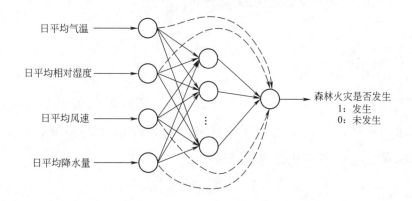

图 5-11　基于 BPNN-DIOC 网络林火发生预测模型结构

5.3.3.2　隐含层神经元选取

神经网络模型学习及泛化能力受隐含层节点个数影响显著。如采用五折交叉验证法来确定隐含层节点个数，通过找出误差最小网络结构，进而确定该网络隐含层节点个数，从而创建最佳神经网络预测拓扑结构。

5.3.3.3　结果及分析

以太原市 2011 年 5 月 1 日—31 日和桂林市 2005 年 6 月 1 日—30 日气象数据、森林火灾记录分别作为训练样本，从网络结构和优化网络初始参数出发构建了基于 BPNN-DIOC 网络的林火发生预测模型，并分别对太原市 2013 年 5 月 10 日—22 日和桂林市 2010 年 6 月 1 日—13 日样本进行测试。为了评估 BPNN-DIOC 网络对森林火灾预测的有效性，文中选取 BPNN、BPNN-DIOC 网络作为比较模型。

（1）最佳隐层神经元数比较　各网络确定最佳隐含层节点个数如表 5-10 所示。通过比较 M1、M2 可以看出，是否存在从输入到输出的连接对隐层节点个数选取有很大影响，其中存在输入到输出连接的网络 M1 比不存在输入到输出连接网络 M2 需要的隐含层节点数要少。因此，在 BP 神经网络中加入输入-输出的连接可以简化网络拓扑结构。

表 5-10　网络确定的最佳隐含层神经元数

地区	M1	M2
太原市	4	10
桂林市	3	8

（2）预测结果比较　表 5-11 列出了两种网络模型 BPNN-DIOC、BPNN 重复 10 次试验的平均 RMSE 值。从对比结果得出以下结论：

① 通过表 5-11 中 M1、M2 预测结果可以看出，BPNN-DIOC 网络比 BPNN 网络具有更高的预测精度，可以改善 BP 神经网络预测精度低的不足。就预测评价指标 RMSE 来看：太原市从 0.1458 下降到了 0.1017，桂林市从 0.1209 分别降低到了 0.0931。因此，在 BP 神经网络中加入从输入到输出连接相当于网络又具有了从输入到输出的线性映射能力，可以将气象因子对林火的影响更加完整地映射到网络输出，得到更准确森林火灾估算结果。

表 5-11　网络预测结果的 RMSE

地区	M1 BPNN-DIOC	M2 BPNN
太原市	0.1017	0.1458
桂林市	0.0931	0.1209

② BPNN-DIOC 网络不仅对森林火灾发生较频繁地区有效，对森林火灾发生较少地区也有很好的预测效果，具有普适性。

思考题

1. BPNN-DIOC 与 BPNN 的区别与联系是什么？

2. BPNN-DIOC 用于时间序列预测时，输出层偏置对预测结果有否显著影响？

3. 时间序列线性预测方法的常用模型有哪些？

4. BPNN-DIOC 可用于林火发生预测时，是否说明 BPNN-DIOC 结构的普适性？

5. 为什么森林火险气象指数模型 FWI 要求高分辨的气象数据？

6. 为什么气象因子插值问题可以归结为时间序列预测问题？

7. 为什么传统 BPNN 模型在时间序列数据出现一定线性关系时预测精度较低？

参考文献

[1] 李纯斌，刘永峰，吴静，等. 基于 BP 神经网络和支持向量机的降水量空间插值对比研究——以甘肃省为例 [J]. 草原与草坪，2018，38（4）：12-19.

[2] 王亚琴，王耀力，郭学斌，等. 基于直连 BP 神经网络模型的森林火险预测 [J]. 森林防火，2018，（2）：41-45，54.

[3] Yaoli Wang, Lipo Wang, Qing Chang, et al. Effects of direct input-output connections on multilayer perceptronneural networks for time series prediction [J]. Soft Computing, 2020, 24（1）：4729-4738.

[4] Taylor J W, de Menezes L M, McSharry P. A comparison of univariate methods for forecasting electricity demand up to a day ahead [J]. Int J Forecast, 2006, 22（1）：1-16.

[5] Li G, Shi J. On comparing three artificial neural networks for wind speed forecasting [J]. Appl Energy, 2010, 87（7）：2313-2320.

[6] Camara A. Time series forecasting using statistical and neural networks models [M]. LAP LAMBERT Academic Publishing, 2016.

[7] Samsudin R, Shabri A, Saad P. A comparison of time series forecasting using support vector machine and artificial neural network model [J]. J Appl Sci, 2010, 10（11）：950-958.

[8] Selvamuthu D, Kumar V, Mishra A. Indian stock market prediction using artificial neural networks on tick data [J]. Financ Innov, 2019, 5（1）：16.

[9] Devi S R, Arulmozhivarman P, Venkatesh C. ANN based rainfall prediction—a tool for developing a landslide earlywarning system [J]. Adv Cult Living Landslides, 2017, 3：175-182.

[10] Bozkurt Biricik G，Tay，si Z C. Artificial neural network and SARIMAbasedmodels for power load forecasting in Turkish electricity market [J]. PLoS One，2017，12 (4)：e0175915.

[11] Ding G，Zhong S S，Li Y. Time series prediction using wavelet process neural network [J]. Chin Phys B，2008，17 (6)：1998-2003.

[12] Jia J. Financial time series prediction based on BP neural network [J]. Appl Mech Mater，2014，631-632：31-34.

[13] Li S，Hao Q，Yue Y，et al. Prediction for chaotic time series of optimized BP neural network based on modified PSO [J]. Comput Eng Appl，2013，49 (6)：697-702.

[14] Szoplik J. Forecasting of natural gas consumption with artificial neural networks [J]. Energy，2015，85：208-220.

[15] Doucoure B，Agbossou K，Cardenas A. Time series prediction using artificial wavelet neural network and multi-resolution analysis：application to wind speed data [J]. Renew Energy. 2016，92：202-211.

[16] Cui X，Potok T E，Palathingal P. Document clustering using particle swarm optimization [C]. In：Proceedings IEEE swarm intelligence symposium，2005，185-191.

[17] Hornik K，Stinchcombe M，White H. Multilayer feedforward networks are universal approximators [J]. Neural Netw，1989，2 (5)：359-366.

[18] Peng T M，Hubele N F，Karady G G. Advancement in the application of neural networks for short-term load forecasting [J]. IEEE Trans Power Syst，1992，7 (1)：250-257.

[19] Pao Y H，Park G H，Sobajic D J. Learning and generalization characteristics of the random vector functional-link net [J]. Neurocomputing，1994，6 (2)：163-180.

[20] Looney C G. Radial basis functional link nets as learning fuzzy systems [M]. RES report. University of Nevada，Department of Computer Science，1996.

[21] Ren Y，Suganthan P N，Srikanth N，et al. Random vector functional link network for short-term electricity load demand forecasting [J]. Inf Sci，2016，367：1078-1093.

[22] Zhang L，Suganthan P N. A comprehensive evaluation of random vector functional link networks [J]. Inf Sci，2016，367：1094-1105.

机器人是一种高度复杂自动化装置，其本质是一个复杂控制系统。先进的机器人架构是指如何把感知（Perception）、认知（Cognition）、行动（Action）等涉及的多种构件模块与信息传送机制有机结合为适合云计算的构件与消息机制，从而在动态环境中，完成目标任务所需的一个或多个机器人结构或控制框架。

6.1　自主机器人系统架构

我们将自主机器人系统分为表达、算法和实现三个层次。表达层次的工作是将机器人系统任务目标描述为数学模型；而算法层次是对数学问题求解时的云计算解决方案；实现层次则是算法的软件与硬件实现手段。图 6-1 显示了 CBMEWS4FGF 业务与系统架构与自主机器人系统云计算架构之间对应关系。CBMEWS4FGF 的需求层、语义层和实现层与系统模型语言（Systems Modeling Language，SYSML）业务与系统的对应关系，以及与自主机器人系统表达、算法、和实现层次对应关系如图所示。CBMEWS4FGF 需求层由业务用例和业务用例场景组成，我们将自主机器人系统功能性需求建模为表达层的目标函数，而将非功能性需求建模成约束条件，由此构成表达层的数学模型。我们将由活动单元到系统构件集合元素构成的语义层，通过构件与消息机制，形成算法层面的自主机器人系统云计算架构，该架构的具体实现由位于实现层的软件和硬件构件组成。

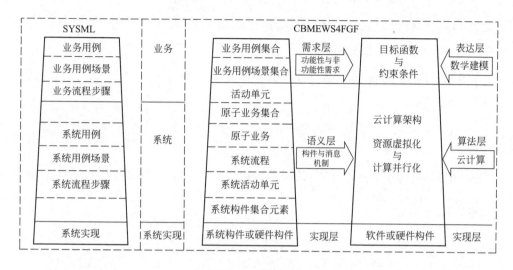

图 6-1 自主机器人系统云计算架构与业务与系统架构对应关系

　　本章将着重讨论自主移动机器人感知、认知、行动等涉及的数学模型及算法设计。首先讨论基于视觉的感知系统数学建模方法，然后讨论了两种以前馈神经网络为基础的神经网络模型在移动机器人路径规划和飞行控制方面的建模应用。有关自主机器人系统云计算架构的理论基础，即 CB-MEWS4FGF 业务与系统架构将在本书第九章详细讨论。

6.2 基于视觉的感知系统

　　基于视觉的感知系统模型是某种相机模型，视觉感知系统的表达就是相机数学建模。本文首先讨论了相机模型及其标定方法，然后就我们在 RGBD 相机大视距场景中视觉里程计建模方面研究工作进行阐述。

6.2.1 相机模型

　　相机是一种利用光学成像原理，将一个三维世界坐标点映射成一个

2D 图像的光学传感器。本义将相机模型建模成针孔模型。如图 6-2 所示，设 $O-x-y-z$ 表示相机坐标系，假设把 z 轴指向相机的正前方，x 轴设置向右，y 轴设置向下。O 表示相机光心，相当于针孔模型中小孔。取世界坐标系一点 P，通过小孔成像得到一点 P'，该点在成像平面 $O'-x'-y'$ 上。假设 P 点坐标为 $[X \quad Y \quad Z]^T$，P' 点为 $[X' \quad Y' \quad Z']$，相机焦距 f 已知，则：

$$\frac{z}{f} = \frac{x}{x'} = -\frac{Y}{Y'} \tag{6-1}$$

式(6-1) 中负号表示小孔成像是倒立的。简化模型可把所成的像拿到相机前方，得：

$$\frac{z}{f} = \frac{x}{x'} = \frac{Y}{Y'} \tag{6-2}$$

所以有：

$$X' = f\frac{x}{z} \quad Y' = f\frac{Y}{Z} \tag{6-3}$$

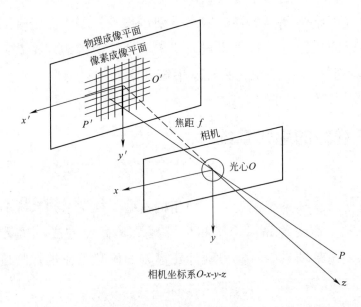

图 6-2   针孔相机模型

设在物理成像平面上，像素平面为 $o-u-v$，P' 在像素平面的像素

坐标为 $[u \quad v]^T$。在像素坐标系与物理成像坐标系之间相差一个缩放因子与一个平移因子。设 u 轴缩放因子为 α，v 轴上缩放因子为 β，原点平移量为 $[c_x，c_y]^T$，那么 P' 的坐标与像素坐标关系为：

$$\begin{cases} u = \alpha X' + C_y \\ v = \beta Y' + C_y \end{cases} \tag{6-4}$$

将式(6-3)代入式(6-4)中，令 $f_x = \alpha f$，$f_y = \beta f$ 得：

$$\begin{cases} u = f_x \dfrac{X}{Z} + C_x \\ v = f_y \dfrac{Y}{Z} + C_y \end{cases} \tag{6-5}$$

如果用矩阵形式重写式(6-5)：

$$Z\begin{pmatrix} u \\ v \\ 1 \end{pmatrix} = \begin{pmatrix} f_x & 0 & C_x \\ 0 & f_y & C_y \\ 0 & 0 & 1 \end{pmatrix}\begin{pmatrix} X \\ Y \\ Z \end{pmatrix} \overset{\Delta}{=} KP \tag{6-6}$$

式中，K 表示相机内参是一个固定值参数，因此使用相机之前要对相机标定。

与相机内参相对应，相机还有外参。与相机内参不同的是相机外参会发生变化，同时，相机外参也是视觉同时定位与建图（Visual SLAM，VSLAM）中要求得的相机位姿。假设相机在运动前后同时观测世界坐标系一点 P，相机位姿变化用旋转矩阵 R，平移向量 t 表示，则：

$$ZP_{uv} = Z\begin{pmatrix} u \\ v \\ 1 \end{pmatrix} = K(RP_w + t) = KTP_w \tag{6-7}$$

式(6-7)描述了世界坐标系一点 P 到像素坐标系的变换关系，其中相机位姿 R、t 称作相机外参。相机外参随相机运动而变化，同时也是 VSLAM 中待估算的目标，常用来表示机器人运动轨迹。

将式(6-6)用齐次坐标表示可转换为：

$$Z \begin{pmatrix} u \\ v \\ 1 \end{pmatrix} = \begin{pmatrix} f_x & 0 & C_x & 0 \\ 0 & f_y & C_y & 0 \\ 0 & 0 & 0 & 1 \end{pmatrix} \begin{pmatrix} X \\ Y \\ Z \\ 1 \end{pmatrix} \tag{6-8}$$

如果把相机位姿变化加入式（6-8）中，则：

$$Z \begin{pmatrix} u \\ v \\ 1 \end{pmatrix} = \begin{pmatrix} f_x & 0 & C_x & 0 \\ 0 & f_y & C_y & 0 \\ 0 & 0 & 0 & 0 \end{pmatrix} \begin{pmatrix} R & t \\ O^T & 1 \end{pmatrix} \begin{pmatrix} X \\ Y \\ Z \\ 1 \end{pmatrix} = KT \begin{pmatrix} X \\ Y \\ Z \\ 1 \end{pmatrix} \tag{6-9}$$

为使相机能获得较好成像效果，通常会在相机前加一个透镜。但是由于透镜形状对光线传播有一定影响，以及在机械组装过程中，由于设备精度有限致使透镜与相机成像平面不完全平行，使光线通过透镜映射到成像平面时的位置发生畸变。

相机畸变分为径向畸变与切向畸变。由透镜形状引起的畸变称作径向畸变，而在相机组装过程中不能使透镜和成像平面严格平行造成的畸变称为切向畸变。对于径向畸变和切向畸变，分别通过畸变校正方程（6-10）、方程（6-11）进行校正。

$$\begin{cases} x_{\text{corrected}} = x(1 + k_1 r^2 + k_2 r^4 + k_3 r^6) \\ y_{\text{corrected}} = y(1 + k_1 r^2 + k_2 r^4 + k_3 r^6) \end{cases} \tag{6-10}$$

$$\begin{cases} x_{\text{corrected}} = x + 2p_1 xy + p_2(r^2 + 2x^2) \\ y_{\text{corrected}} = y + p_1(r^2 + 2y^2) + 2p_2 xy \end{cases} \tag{6-11}$$

随着无人驾驶、AR、VR 等行业的快速发展，出现了各种不同功能的相机。Microsoft 推出一款 Kinect V1 相机是其中一部比较有代表性的 RGB-D 相机，它是用红外探测方法获取图像深度信息，如图 6-3 所示。RGB-D 相机由一个普通的单目相机和一个红外发射器两部分构成。其原理是通过相机直接获取外部场景彩色图像，通过红外发射器发射红外线经物理反射来获取图像深度信息，它通过物理方法获取图像深度信息，相比于通过双目视觉解算来估算深度信息则更加快捷。

图 6-3　RGB-D 相机

6.2.2　大视距 RGB-D 相机视觉里程计建模

视觉里程计（Visual Odometry，VO）是一个利用固定在运动设备上的相机系统获取环境图像信息来计算相机运动的装置，它可以通过利用帧与帧之间关联信息获取相机位姿来实现定位目的[1~2]。RGB-D 相机的出现，为视觉里程计建模提供了一种新解决方案。RGB-D 相机能直接获取场景彩色与深度图像，因而可以直接使用 3D-3D 特征对恢复相机的运动。与单目视觉里程计相比，基于 RGB-D 相机视觉里程计可以获得特征点真实深度信息，所以不存在尺度模糊问题；与双目视觉里程计相比，基于 RGB-D 相机视觉里程计计算特征点深度信息只需要彩色图像与深度地图对齐即可，计算资源需求相对较少。由于目前 RGB-D 相机技术局限性，导致获取场景深度距离有限，且在大视距环境中运动时，深度信息误差会随着场景空间增大而增大，有时甚至无法获取深度信息，造成视觉里程计对环境适应能力减弱。针对上述问题，我们提出一种可在大视距环境中使用 RGB-D 视觉里程计算法模型[3]。

6.2.2.1　研究背景

近几年随着 RGB-D 相机，如 Kinect、XTOIN、RealSense 等引入，视觉里程计研究引起了极大的关注[4~6]，因其不仅可提供 RGB 图像，同时也能提供相机测距范围内场景深度信息，为后续 SLAM 建模提供很大便利。2014 年 Felix Endres 等[7]提出一种基于 RGB-D 相机的 VSLAM 系统——RGBD SLAM，该系统采用经典特征点法估计相机位姿，通过特征点提取和匹配，同时结合深度图中特征点相对应深度信息，使用 ICP（Iterative Closest Points）算法求解相机位姿。另一种比较典型的方法是直接法，Kerl 等[8~9]提出 DVO（Direct Visual Odometry），基于在不同视角下图像灰度不变假设下，通过直接最小化光度误差估计相机位姿，与基于特征点方法相比省去了特征提取和匹配环节，增强了系统实时性。但上述方法依赖于足够的深度信息进行图像处理，这方面限制其应用范围，特别是这些方法在开放环境中使用时，比如室内大视距环境和室外环境，其深度信息只能有限利用，系统精确性和鲁棒性会减弱。

针对上述情况，Ji Zhang[10]提出一种能够有效利用深度信息与图像方法-Demo Rgbd，该方法使用相机估计运动来维护和对齐深度地图，其次将视觉特征与深度地图相关联，同时还使用了深度信息未知的视觉特征，因为其本身在估计相机运动方面提供额外信息。在帧与帧之间运动估计是将特征点分成 2D-2D 和 3D-2D 两种类型，然后将这两种类型融合在一起采用迭代优化方法进行求解，并将优化初值设定为恒定值。但使用优化方法在姿态解算时对系统计算资源消耗很大，而且这样初值设定很容易陷入一个局部极小值，从而无法获得最优解。本文针对上述缺点进行改进，利用文献 [11] 方法将旋转和平移分开估计，使用五点法及 2D-2D 之间对极约束估计旋转，对于 3D-2D 匹配对，利用最小化投影误差估计平移，实验证明该方法可以有效提高大视距环境中视觉里程计精确度和实时性。

6.2.2.2 算法模型

（1）坐标系定义 本文将彩色相机坐标系作为系统坐标系 $\{C\}$，如图 6-4 所示：

其中 x 轴指向左，y 轴向上，z 轴向前，与相机的光轴重合。F 代表特征点的集合，对于某一个特征点 i，$i \in F$。在坐标系 $\{C\}$ 中，深度已知的特征点记为 $X_k^i = \{x_k^i, y_k^i, z_k^i\}$，对于没有深度信息特征点，我们将

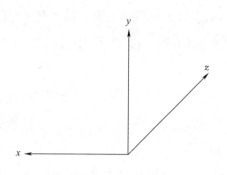

图 6-4　系统坐标系定义

其深度归一化为 1，记作 $X_k^i = \{x_k^i, y_k^i, 1\}$。可以直观想象成一个平行于 $\{C\}$ 坐标系的平面，且距离坐标原点为一个单位长度，特征点在图像坐标系下的齐次坐标为 $p_i^k = [u_i^k, v_i^k, 1]$。坐标有了这些符号定义，可以将视觉里程计建模描述如下。

通过追踪连续两帧 k 和 $k-1$，在经过 $k-1$ 帧特征点特征关联，得到深度信息未知的特征对 2D-2D 与深度信息已知特征点对 3D-2D，根据这两种特征对来建模估计相机位姿。

（2）算法流程　图 6-5 为大视距环境中视觉里程计算法流程框图。

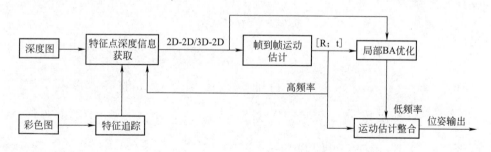

图 6-5　大视距环境中视觉里程计算法流程框图

特征追踪：将图像分成网格，并使用光流法进行追踪上一帧到当前帧的特征点，获得相应特征点对。

深度地图与特征对齐：通过输出位姿将深度地图投影到上一帧，并与上一帧中特征点进行对齐，同时也将上一帧获取的深度图与特征点进行对齐，得到深度已知的 3D-2D 特征对和深度未知的 2D-2D 特征对。

帧到帧运动估计：对于 2D-2D 特征点对，使用五点法估计相机旋转，然后将估计的旋转作为初值，通过最小化 3D-2D 重投影误差得到相机的平移。

光束平差法优化：将得到 3D 地图点及所在帧相应位姿，使用光束平差法以较低频率进行优化，然后将优化后地图点投影到局部地图中，同时丢掉追踪不到的特征点。

运动估计整合：将低频率优化位姿与帧到帧运动估计模块输出的高频率位姿进行整合，得到高频率位姿输出。

① 帧到帧运动估计。通过以上特征点深度信息关联，得到信息未知的 2D-2D 特征对和深度信息已知的 3D-2D 特征点对，根据这两种特征对估计相机位姿。通过对追踪的特征对进行分析，本文提出将运动估计分为两部分，首先，使用 2D-2D 特征点对来估计旋转；其次，将估计的旋转作为初值通过最小化 3D-2D 重投影误差来求解平移矩阵。

a. 旋转估计。针对在单目视觉里程计中通常使用 2D-2D 特征对来进行初始化，且初始化会存在尺度模糊的问题，仅使用 2D-2D 特征对来估计旋转。在相机内参已知的前提下，根据两个视角下的对极约束关系得：

$$(\mathrm{p}_i^{k-1})^T \mathrm{F} \mathrm{p}_i^k = 0 \tag{6-12}$$

$$(\mathrm{X}_i^{k-1})^T \mathrm{E} \mathrm{X}_i^k = 0 \tag{6-13}$$

其中 $\mathrm{p}_i^k = [u_i^k, v_i^k, 1]$ 表示特征点在图像坐标系的齐次坐标，$\mathrm{X}_i^k = [x_i^k, y_i^k, z_i^k]$ 为深度已知特征点，$\overline{\mathrm{X}}_i^k = [\overline{x}_i^k, \overline{y}_i^k, 1]$ 为深度未知特征点。F 为基础矩阵（Fuandamental Matrix），E 为本质矩阵（Essential Matrix）。式中 $\mathrm{F} = \mathrm{K}^{-T} \mathrm{E} \mathrm{K}^{-1}$，$\mathrm{E} = \mathrm{t}^{\wedge} \mathrm{R}$。$\mathrm{t}^{\wedge}$为平移向量 $\mathrm{t} = [t_1, t_2, t_3]^T$ 的反对称矩阵：

$$\mathrm{t}^{\wedge} = \begin{bmatrix} 0 & -t_3 & t_2 \\ t_3 & 0 & -t_1 \\ -t_2 & t_1 & 0 \end{bmatrix} \tag{6-14}$$

由于相机内参是已知的，所以可以直接求解本质矩阵 E。本质矩阵 E 是一个 3×3 的矩阵，由于旋转和平移各有 3 个自由度，所以 E 有 6 个自由度，但由于存在尺度不确定性，所以 E 实际上有 5 个自由度。此外本质矩阵还有如下特性：

$$det(\mathrm{E}) = 0 \tag{6-15}$$

$$2\mathrm{EE}^T\mathrm{E} - tr(\mathrm{EE}^T)\mathrm{E} = 0 \tag{6-16}$$

对 2D-2D 运动估计有五点法[12]、八点法[13] 以及改进方法等。通过实验，本文采用效率较高的五点法求解旋转矩阵，并加入了球面线性插值的方法增强估计的结果，具体步骤如下：

a) 使用五点法进行计算当前帧 k 和 $k-1$ 帧的旋转 R_{k-2}^k。

b) 前一帧 $k-1$ 相对于 $k-2$ 帧的旋转 R_{k-2}^{k-1} 已经进行了估计，因此当前帧 k 相对于前一帧 $k-1$ 的旋转可以间接通过如下公式进行计算，$'R_{k-1}^k$ 表示间接计算当前帧 k 相对于前一帧 $k-1$ 的旋转。

$$'R_{k-1}^k = (R_{k-2}^{k-1})^{-1} R_{k-2}^k \tag{6-17}$$

c) 同时通过五点法进行求解当前帧 $k-1$ 相对于前一帧 $k-1$ 的旋转 T_{k-1}^k。

d) 将这两个估计结果采用球面线性插值方法进行融合，如下所示：

$$\overline{R}_{k-1}^k = R_{k-1}^k [(R_{k-1}^k)^{-1} {}'R_{k-1}^k] \tag{6-18}$$

b. 平移估计。对于 2D-2D 特征对，如果使用五点法估计相机运动会在平移向量 t 存在尺度不确定性。因为旋转矩阵 R 本身具有约束条件：$RR^T = I$ 且 $det(R) = 1$，所以只认为平移向量 t 具有一个尺度。本文通过最小化 3D-2D 重投影误差来估计相机平移向量，同时解决尺度模糊问题。将旋转估计的旋转矩阵作为优化函数初值，可加快收敛速度，达到全局最优解。通过如下公式把 3D 特征点投影到 2D 平面中。

$$\begin{bmatrix} u \\ v \\ 1 \end{bmatrix} = \pi(\mathrm{X}; \mathrm{R}, t) = \begin{bmatrix} f_x & 0 & c_x \\ 0 & f_y & c_y \\ 0 & 0 & 0 \end{bmatrix} [\mathrm{R}|\mathrm{t}] \begin{bmatrix} x \\ y \\ z \\ 1 \end{bmatrix} \tag{6-19}$$

其中，$[u,v,1]^T$ 为特征点在图像坐标系的齐次坐标，π 表重投影函数，fx、fy、cx、cy 为 RGB-D 相机内参，可通过相机标定获取。$[x,y,z,1]^T$ 3D 点在世界坐标系的齐次坐标。利用上述估计旋转矩阵，平移估计可通过如下优化函数迭代求解。

$$t^* = \underset{t}{\arg\min} \frac{1}{2}\sum_{i=1}^{n} \| \mathrm{x}_i^k - \pi(\mathrm{X}_i^{k-1};\mathrm{R},\mathrm{t}) \|^2 \tag{6-20}$$

其中 n 为 3D-2D 特征对的个数。

② 局部光束平差优化。为得到更准确位姿估计并保证系统实时性，对特征点及位姿变换采用光束平差法进行优化。通过选取一组图像执行批量优化。综合精度和时间，每 5 帧选一帧优化，优化图像序列共包含 8 帧。从局部地图中可以获取地图点集 $\{P_j\}$，其中 $j=1,2\cdots n$。定义 $\{I_i\}$ 表示用于优化的一组图像，$i=1,2\cdots 8$。对应位姿变换为 $\{T_i\}$，$T_i \in SE(3)$，将其转换为李代数为 $\{\xi_i\}$，$\xi_i \in se(3)$，两者变换关系为：

$$T_i = \exp(\xi\hat{\ })T_i \tag{6-21}$$

定义 p_{ij} 为在位姿 ξ_i 处观察到地图点 P_j 产生特征点的像素坐标，这里将位姿和地图点同时优化，将重投影误差作为代价函数得到目标函数：

$$\xi^*, \mathrm{P}^* = \underset{\xi,P}{\arg\min}\sum_{j}^{8}\sum_{i}^{n} \| \mathrm{p}_{ij} - \pi[g(\xi_i,\mathrm{P}_j)] \|^2 \tag{6-22}$$

其中：

$$g(\xi_i,\mathrm{P}_j) = \exp(\xi_i\hat{\ })\mathrm{P}_j \tag{6-23}$$

表示将世界坐标系的三维地图点 P_j 投影到 ξ_i 位姿处的相机坐标系。对式（6-23）可采用 Levenberg-Marquardt 方法求解目标函数，利用 Hessian Matrix 稀疏性，采用 Schur 消元方法来加速计算。

6.2.2.3　实验与分析

（1）帧到帧运动估计

① 旋转估计实验。在五点法基础上加入球面线性插值算法。设定参数一致的前提下，通过 TUM 提供的不同场景 RGB-D 数据集进行比较。由图 6-6 可知，八点法效果最差，本文方法与五点法相比较平均旋转误差减小了约 8.5%。

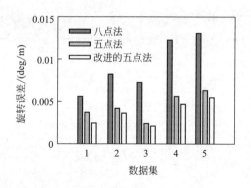

图 6-6　旋转估计对比实验

② 平移估计实验。Demo Rgbd 和本文都采用优化方法求解相机平移，不同之处在于 Demo Rgbd 初值给一个恒定值，而本文则将求解旋转作为初值进行优化。从图 6-7 可知，本文算法平移误差比 Demo Rgbd 减小了 8.4%。同时为验证本文算法在处理时间的性能，选取 fr2/large_with_loop 数据集中前 1000 帧，针对每帧优化所用时间进行比较，如图 6-8 所示。本文算法每帧处理所需时间比 Demo Rgbd 少一个数量级，从而提升了整个系统运行速度。

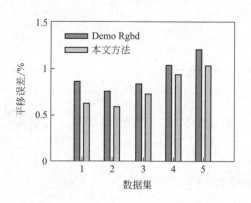

图 6-7　平移估计对比实验

（2）算法精度和运行时间测试　对于定位精度，采用实际运动轨迹与真实轨迹间的均方根误差 E_{rms} 进行比较，计算式如下：

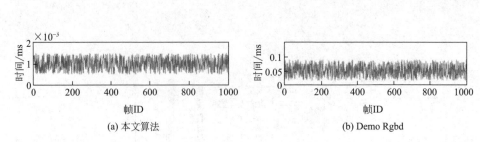

(a) 本文算法   (b) Demo Rgbd

图 6-8 优化时间对比实验

$$E_{rms}(\hat{x},x)=\sqrt{\frac{1}{n}\sum_{i=1}^{n}\|trans(\hat{x}_i)-trans(x_i)\|^2} \qquad (6-24)$$

其中 $\hat{x}$ 表示算法生成的轨迹坐标，x 表示真实轨迹。

从表 6-1 可知，在室内大范围场景下，与 Demo Rgbd 相比，本文的均方根误差 E_{rms} 平均要小 14% 左右。从运行时间上比较，本文算法需要时间比少 20.26s，具有更好的实时性。如图 6-9 所示，本文算法得到相机运动轨迹与真实轨迹更接近，累计漂移更小。

表 6-1 算法精度和运行时间对比

图像序列	Demo Rgbd		本文方法	
	E_{rms}/m	时间/s	E_{rms}/m	时间/s
Large_no_loop	0.76	165.67	0.64	140.56
Large_with_loop	0.89	233.21	0.82	205.19
pionner_slam	0.92	186.76	0.72	169.58
pionner_slam2	0.83	140.23	0.73	126.32
pionner_slam3	0.74	137.89	0.65	120.81

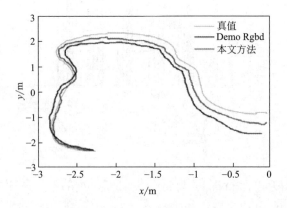

图 6-9 pionner_slam2 轨迹图

6.3　计算智能与认知系统

本节就以数据为基础计算智能在移动机器人避障与路径规划等认知应用的数学建模进行探讨。基于 Elman-DIOC 神经网络强并行处理与泛化能力，同时将模糊计算引入对不确定信息处理中，将专家经验转化为一种网络输入输出映射，进一步证明模糊 Elman-DIOC 网络可以更加完备地对输入输出映射关系进行表达，并能够较好地应用于移动机器人路径规划控制器模型中。

6.3.1　模糊 Elman-DIOC 神经网络模型

6.3.1.1　Elman 神经网络结构

Elman 神经网络（Elman Neural Network，ElmanNN）是一种典型反馈式网络[14]，如图 6-10 所示。ElmanNN 在前馈式单隐含层神经网络基础上增加了承接层，该层主要用于存储隐含层神经元状态，然后在下一时刻将其反馈回隐含层。由于承接层的影响，使 Elman 网络某时刻输出

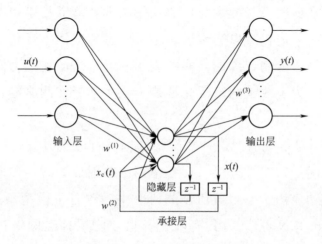

图 6-10　Elman 神经网络结构

与网络当前状态相关的同时，还与网络上一时刻状态相关，因此该网络具备更强的动态信息处理能力。

Elman 神经网络数学模型如下：

$$y(t) = g\left[W^{(3)} x(t)\right] \tag{6-25}$$

$$x(t) = f\left[W^{(1)} u(t) + W^{(2)} x_c(t-1)\right] \tag{6-26}$$

$$x_c(t) = x(t-1) \tag{6-27}$$

式(6-26) 中，$u(t)$、$x_c(t)$、$x(t)$、$y(t)$ 分别代表 Elman 网络 t 时刻网络输入、承接层输出、隐含层输出、网络输出；$W^{(2)}$ 为网络中承接层到隐含层权重；$W^{(1)}$ 为网络中输入层到隐含层权重；$W^{(3)}$ 为网络中隐含层到输出层权重；f 表示网络隐藏层激励函数，选取 $Sigmoid$ 函数；g 表示网络输出层激励函数，选取 $Purelin$ 函数。

较之前馈式网络模型，Elman 神经网络在数据容错及非线性映射表达等方面能力较强，并能够对动态信息进行处理，这些特点使其在时间序列预测、机器人控制等方面均获得了令人满意的应用效果。

6.3.1.2 Elman-DIOC 神经网络

（1）网络改进思路　同前馈式网络模型相似，Elman 网络同样存在泛化能力有限的问题。通过对学习算法进行相关改进，如对学习速率进行自适应设计或在梯度下降搜索时增添动量项等，能够一定程度上提高神经网络的泛化能力，但仍难以达到满意结果，即造成网络泛化能力有限的原因不仅是学习算法限制，理论与实践表明神经网络泛化能力同样受其本身拓扑结构约束，为了改善网络泛化性能，众多学者在网络结构方面做出了大量积极探索。

Peng 等[15]对传统前馈式神经网络结构进行改进设计，通过在网络输入与输出层之间加入线性连接，使整个网络映射成为线性与非线性组合模型，并将其成功应用于电力负荷预测研究中，改善了模型预测精度。Ren Y 和 Suganthan P N 等[16]将具有随机权值单隐层神经网络扩展为八种不同神经网络模型，分别对输入层阈值、隐含层阈值以及输入到输出层连接单元进行探究，实验结果表明，输入-输出层连接单元对网络性能影响显著，结果具有显著统计学差异，进一步验证了输入-输出层连接对网络性能的积极影响。我们在提出 BPNN-DIOC 网络模型基础上[17]，对 Elman 神经网络结构设计进行改进，将输入-输出层连接（Direct Input-to-Output Connections，DIOC）引入到 Elman 神经网络中，提出一种改进的 Elman-DIOC 神经网络模型（Elman neural network with direct input-to-output connections，Elman-DIOC)[18]，网络结构如图 6-11 所示。通过增添输入层到输出层连接单元，不仅提高了网络并行信息处理能力，而且使网络在具备非线性映射能力的基础上，又赋予其具有从输入到输出的线性映射能力，增强了对样本中线性成分的表征，从而使网络能够较为完整地表达数据内隐含关系。

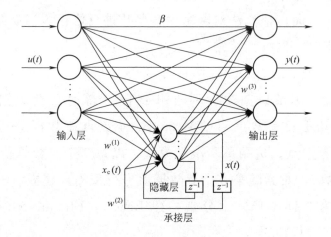

图 6-11　Elman-DIOC 神经网络模型

Elman-DIOC 网络数学模型如下所示：

$$y(t)=g[W^{(3)}x(t)+y'(t)] \tag{6-28}$$

$$x(t)=f[W^{(1)}u(t)+W^{(2)}x_c(t-1)] \tag{6-29}$$

$$x_c(t)=x(t-1) \tag{6-30}$$

式(6-28) 和式(6-29) 中每一项均与图 6-11 网络结构相对应。式中，$u(t)$、$x_c(t)$、$x(t)$、$y(t)$ 分别代表 t 时刻 Elman-DIOC 网络输入、承

接层输出、隐含层输出、网络输出；$W^{(2)}$ 表示 Elman-DIOC 网络中承接层到隐含层权重；$W^{(1)}$ 表示 Elman-DIOC 网络中输入层到隐含层权重；$W^{(3)}$ 表示 Elman-DIOC 网络中隐含层到输出层权重；f 为网络中隐含层激励函数，选择 $Logsig$ 函数；g 为网络中输出层的激励函数，选择 $Purelin$ 函数；$y'(t)$ 表示引入输入-输出层线性连接项。

$y'(t)$ 如式 6-31 所示，对应于网络拓扑中的输入-输出层连接单元，其中，β 为输入-输出层连接权重，r 为输入层节点数。

$$y'(t) = \sum_{j=1}^{r} \beta_j u_j(t) \tag{6-31}$$

β 随机取值在 $[0, 1]$，网路误差函数定义为：

$$E = \frac{1}{2} \sum_{k=1}^{K} (o - y)^2 \tag{6-32}$$

式中，o 为输出，K 为数据点数。

采用误差反向传播算法对网络中各参数进行修正，当误差函数收敛到设定误差精度时，网络训练结束。

（2）基于 Elman-DIOC 网络性能算例分析　为了验证 Elman-DIOC 网络泛化性能。本节以南澳大利亚州 2017 年 5 月负荷数据作为实验数据[19]，通过历史负荷数据对 5 月 31 日 24 点负荷数据进行预测，共计 1488 个负荷数据点。选用单步滚动模式，以每 7 个点数据值作为 Elman-DIOC 网络输入，对紧随第 8 个点数据值进行预测，建立 Elman-DIOC 网络拓扑结构为 7-15-1 形式。分别构建 BPNN，ElmanNN，Elman-DIOC 模型对数据集进行预测。

为了分析网络模型性能，分别采用真实输出值和预测输出值归一化均方根误差（$nRMSE$）与平均绝对误差百分比（$MAPE$）作为评价指标，分别如式 6-33、式 6-34 所示，其中，x_i 表示真实输出；y_i 表示预测输出，N 代表数据总量。

$$nRMSE = \frac{1}{x_{\max} - x_{\min}} \sqrt{\frac{1}{N} \sum_{t=1}^{N} (x_i - y_i)^2} \times 100\% \tag{6-33}$$

$$MAPE = \frac{1}{N} \sum_{i=1}^{N} \left| \frac{x_i - y_i}{x_i} \right| \times 100\% \tag{6-34}$$

表 6-2 为不同网络模型预测误差情况。与前馈式网络 BPNN 相比，ElmanNN 具有更好泛化性能，并且 Elman-DIOC 模型在三种模型中预测误差最小，泛化效果最佳，较之 BPNN 模型，nRMSE、MAPE 精度分别提高 2.96％、1.41％；较之 ElmanNN 模型，nRMSE、MAPE 精度分别提高约 1.89％，0.69％。

表 6-2　不同网络模型的预测误差

项目	nRMSE/％	MAPE/％
BPNN	8.929	2.932
ElmanNN	7.854	2.213
Elman-DIOC	5.965	1.525

6.3.2　基于模糊 Elman-DIOC 网络移动机器人路径规划

作为移动机器人关键技术之一的路径规划技术需要确保机器人在整个运动过程中安全、自主地对障碍物进行规避，并同时寻找最佳运动路径。为了获得具有较强的灵活性与适应性的路径规划方法，本节在模糊 Elman-DIOC 网络理论框架下，设计了移动机器人路径规划算法，该方法继承了 Elman-DIOC 网络并行性与模糊控制的优点，拥有较强的并行信息处理能力和泛化能力，能够对不确定信息进行处理，并且将专家经验转化为一种网络输入输出映射，模糊 Elman-DIOC 网络可以更加完备地对这种映射关系进行表达，方法能较好地应用于移动机器人路径规划中。

6.3.2.1　输入输出参量及模糊化

在未知不确定工作空间，移动机器人在路径规划过程中需要实时采集当前环境信息，并利用这些环境信息进行决策。我们设定可以获得当前机器人正前方障碍物距离 F，机器人左前方与右前方 $45°$ 障碍物距离 L、R，测量距离范围最远为 3m，同时机器人能够获取目标点方位信息 tg。tg 表示目标点与当前机器人位置连线相对于坐标系中 X 轴正方向的夹角，探测范围为 $(-180°，+180°)$。将距离信息 $[L，F，R]$ 和目标方位信息 tg 作为模糊 Elman-DIOC 网络输入，移动机器人转动角度 sa 作为模糊 Elman-DIOC 网络输出，变化范围为 $(-90°，+90°)$。

为实现模糊 Elman-DIOC 网络路径规划算法模型标准化设计，有必要对精确输入量进行论域变换，将输入网络距离信息 $[L，F，R]$ 和目标方位信息 tg 变换到标准论域 $[-1，+1]$ 中。若实际输入论域范围为 $[a，b]$，通过下式进行论域变换：

$$y = \frac{2}{b-a}\left(x - \frac{a+b}{2}\right) \tag{6-35}$$

将障碍物距离输入量 $[L，F，R]$ 模糊子集设定为 $\{Near，Far\}$，对应模糊语言分别为近（Near）、远（Far）；将 tg 模糊子集设定为 $\{RB，RS，ZO，LS，LB\}$，相应模糊语言分别为右大（Right Big）、右小（Right Small）、零（ZO）、左小（Left Small）、左大（Left Big）。距离量 L、F、R 隶属度函数如图 6-12 所示，角度量 tg 的隶属度函数如图 6-13 所示。

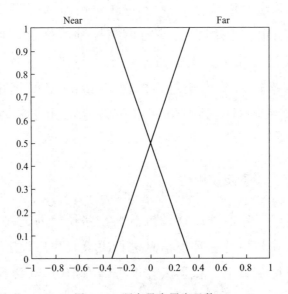

图 6-12　距离量隶属度函数

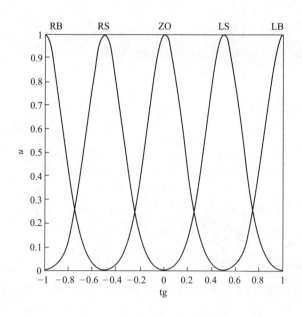

图 6-13 角度量隶属度函数

将模糊 Elman-DIOC 网络输出量 sa 模糊子集设定为 {TLB，TLS，ZO，TRS，TRB}，模糊语言分别为较大左转（TLB）、稍微左转（TLS）、零（ZO）、稍微右转（TRS）、较大右转（TRB），sa 隶属度函数与 tg 的隶属度函数相同。

6.3.2.2 模糊 Elman-DIOC 网络控制规则设计

模糊 Elman-DIOC 网络控制规则的设计在一定程度上反映了网络输入输出变量之间关系。在机器人运动过程中，当检测到当前机器人靠近周围障碍物时，需要对机器人运动方向进行调整，防止机器人与障碍物产生碰撞。机器人避障的基本原则是：若当前障碍物距离机器人较近时，依据障碍物的分布情况并综合考虑目标信息做出响应；若当前障碍物距离机器人较远时，则依据目标方位信息做出响应，控制机器人朝向目标点移动。

移动机器人模糊控制规则根据以上原则确定，目标点与机器人方位存在五种可能情况，其中，若当障碍物在机器人前方时，存在以下五条控制规则：

R1：if(L is Far)and(F is Near)and(R is Far)and(tg is LB)then(sa is TLB)

R2：if(L is Far)and(F is Near)and(R is Far)and(tg is LS)then(sa is TLS)

R3：if(L is Far)and(F is Near)and(R is Far)and(tg is ZO)then(sa is TLS)

R4：if(L is Far)and(F is Near)and(R is Far)and(tg is RS)then(sa is TRS)

R5：if(L is Far)and(F is Near)and(R is Far)and(tg is RB)then(sa is TRB)

障碍物相对机器人分布有八种情况，且每种情况目标点方位信息又存在五种可能，所以共计可设计 40 条控制规则用于移动机器人路径规划。

6.3.2.3　模糊 Elman-DIOC 网络结构设计

利用避障模糊控制规则对模糊 Elman-DIOC 网络训练，训练后的网络可视为规则存储器，使模糊运算能力以并行计算方式实现，通过将机器人当前获取环境信息作为模糊 Elman-DIOC 网络输入，输出解模糊后即得到相应避障行为，实现了移动机器人路径规划。

采用模糊 Elman-DIOC 网络如图 6-14。输入神经元 $x_1 \sim x_2$ 为障碍物距离 L 的模糊子集，输入神经元 $x_3 \sim x_4$ 为障碍物距离 F 的模糊子集，输入神经元 $x_5 \sim x_6$ 为障碍物距离 R 的模糊子集，输入神经元 $x_7 \sim x_{11}$ 为目标点方位信息 tg 的模糊子集，输出神经元 $y_1 \sim y_{11}$ 为机器人转动角度 sa 的模糊子集，最终确定模糊 Elman-DIOC 网络输入神经元个数为 11，输出神经元个数为 11，根据多次实验比较选择隐含层神经元个数为 25。

为了训练模糊 Elman-DIOC 网络，需要通过数值样本对输入输出模糊子集进行描述。由于输入量 L、F、R、tg 表示成为模糊语言变量值论域为 {Near，Far}、{RB、RS、ZO、LS、LB} 的模糊子集，所以需要输入精确值所对应的各语言变量值的隶属度，即当输入精确量的值分别为 a、b、c、d 时，模糊 Elman-DIOC 网络的输入为：

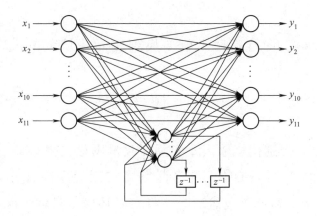

图 6-14 模糊 Elman-DIOC 网络模型结构

$$\begin{aligned}&[\mu_{Near}(a),\mu_{Far}(a),\mu_{Near}(b),\mu_{Far}(b),\mu_{Near}(c),\mu_{Far}(c),\mu_{RB}(d),\\&\mu_{RS}(d),\cdots,\mu_{LB}(d)]^T\end{aligned} \quad (6\text{-}36)$$

模糊 Elman-DIOC 网络的输出为：

$$[\mu_{sa}(c_1),\mu_{sa}(c_2),\mu_{sa}(c_3),\cdots,\mu_{sa}(c_m)]^T \quad (6\text{-}37)$$

由图 6-14 可知，将输出变量 sa 论域 $[-1,+1]$ 划为 11 档，即 c_1，c_2，$\cdots$，c_m 的值分别为 -1，-0.8，$\cdots$，1。

这样，避障模糊控制规则可基于输入输出数值表达，即组成模糊 Elman-DIOC 神经网络的训练样本。共制定 40 条控制规则，可生成 40 组网络训练样本。

6.3.2.4 去模糊化

利用模糊 Elman-DIOC 网络并行计算后输出结果为模糊量，需做解模糊处理。通过加权平均法对网络输出结果实现解模糊，其具体公式为：

$$tg=\frac{(-1)\cdot\mu_c(-1)+(-0.8)\cdot\mu_c(-0.8)+\cdots+(0.8)\cdot\mu_c(0.8)+\mu_c(1)}{\mu_c(-1)+\mu_c(-0.8)+\cdots+\mu_c(0.8)+\mu_c(1)}$$

$$(6\text{-}38)$$

式中，C 为模糊 Elman-DIOC 网络输出 tg 的语言变量值论域中相应语言变量。

通过式(6-38)将精确输出值变换到实际论域范围，论域反变换公式为：

$$y = x\left(\frac{d-c}{2}\right) \tag{6-39}$$

式中，d、c 分别代表输出量实际变化范围最大值与最小值。

训练后模糊 Elman-DIOC 神经网络将控制规则隐含分布于整个网络中，当机器人在不确定环境运动时，将实时环境信息输入网络，通过并行方式输出相应避障行为，从而实现移动机器人路径规划过程。

6.3.2.5 结果分析

将机器人视为可移动质点，设置环境地图如图 6-15。地图中黑色图形为障碍物，设置路径规划的起始点为 S（3.5，7.5），目标点为 E（24.5，24.5）。

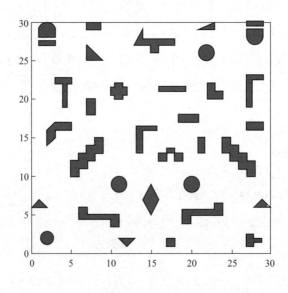

图 6-15　环境地图

模糊 Elman-DIOC 网络拓扑结构采用 11-25-11 形式。设置网络目标误差为 10^{-3}，选 $Logsig$ 函数作为模糊 Elman-DIOC 网络隐含层激励函数 f，$Purelin$ 为输出层激励函数 g，采用梯度下降法对模糊 Elman-DIOC 训练，设最大训练次数为 3000 次。将网络输出变量 sa 与移动机器人运动步长相配合，步长指每次迭代中机器人直线移动距离，通过当前障碍物距离信息动态对机器人步长调整，设机器人初始运动步长为 0.5。

本文采用 Elman 神经网络、人工势场法与模糊 Elman-DIOC 网络进行路径规划，结果如图 6-16 所示。由图可知，Elman 神经网络泛化性能

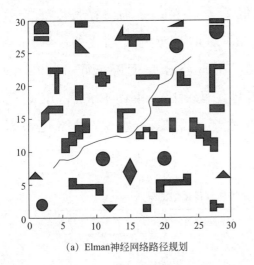

(a) Elman神经网络路径规划

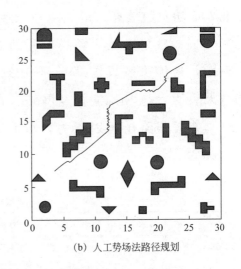

(b) 人工势场法路径规划

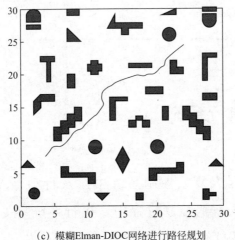

(c) 模糊Elman-DIOC网络进行路径规划

图 6-16 三种网络路径规划示意图

有限，规划得到的路径较长，人工势场法的规划路径在障碍物边缘产生强烈抖动，造成路径长度的损失，模糊 Elman-DIOC 网络对机器人模糊控制规则学习较为完善，泛化能力强，规划得到的路径较优。由于模糊 Elman-DIOC 网络仅基于当前环境信息进行路径规划，且网络每次训练得到的权值均不相同，因此在相同环境地图中连续进行十次规划，表 6-3 给出了不同方法十次规划下的成功次数、最优路径长度、平均路径长度，其中，人工势场法每次规划的路径长度均相同。

表 6-3 所示，较之 Elman 神经网络模型，模糊 Elman-DIOC 网络路径规划成功次数较高，最优路径长度降低了 4.15%，平均路径长度降低了 7.66%；较之人工势场法，模糊 Elman-DIOC 网络与规划成功次数均为十次，最优路径长度降低了 12.95%，平均路径长度降低了 12.28%。结果表明，与 Elman 神经网络、人工势场法相比，模糊 Elman-DIOC 网络具有较强路径规划能力，可有效躲避环境中障碍物，完成路径规划任务。

表 6-3　十次规划后不同算法路径规划结果

项目	模糊 Elman-DIOC 网络	Elman 神经网络	人工势场法
成功次数	10	7	10
最优路径长度/m	28.84	30.09	33.13
平均路径长度/m	29.06	31.47	33.13

6.4　控制器与执行系统

执行系统是机器人复杂控制系统中涉及行动（Action）的控制构件模块。在实际机器人行为控制过程中，执行系统易受高阶、强耦合以及控制增益优化等问题影响，难以保证良好的适应性。而传统 PID 控制器，因结构简单、反应迅速且鲁棒性良好，广泛应用于工业控制系统和各种调节控制领域；但常常需要手动调节参数、费力耗时且控制效果难以达到最优。为此，本文提出 ACPSO-WFLN 网络模型，并讨论该模型应用于旋翼式飞行器的 PID 控制，以达到对飞行器控制参数良好整定的目的。

6.4.1 PID 控制模型

6.4.1.1 模拟 PID 控制

模拟 PID 控制是应用于模拟控制系统中常用的控制方法之一。该控制器通过将偏差比例环节 P、积分环节 I 和微分环节 D 进行线性组合来对被控对象进行控制，控制系统原理结构图如图 6-17 所示。

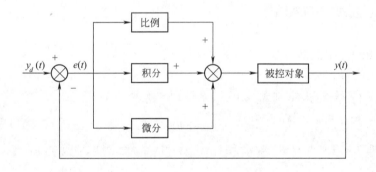

图 6-17 模拟 PID 控制系统结构图

模拟 PID 控制器控制偏差 $e(t)$ 由给定值 $y_d(t)$ 与实际输出值 $y(t)$ 的差值构成：

$$e(t)=y_d(t)-y(t) \tag{6-40}$$

PID 控制器表达式为：

$$u(t)=k_p\left[e(t)+\frac{1}{T_i}\int_0^t e(\tau)d\tau+T_d\frac{de(t)}{dt}\right] \tag{6-41}$$

式中，k_p 为比例系数；T_i、T_d 分别为积分和微分时间系数。

传递函数为:

$$G(s)=\frac{U(s)}{E(s)}=k_p\left(1+\frac{1}{T_is}+T_ds\right) \tag{6-42}$$

6.4.1.2 数字 PID 控制

数字控制根据采样时刻偏差计算控制量,并通过数字逻辑模块对 PID 进行控制。传统数字 PID 有位置式和增量式两种离散方式。基于模拟 PID 控制原理分别对连续时间 t、数值积分和微分作离散化处理,即:

$$\begin{cases} t\approx kT(k=0,1,2\cdots) \\ \int_0^t e(t)dt\approx T\sum_{j=0}^k e(j) \\ \frac{de(t)}{dt}\approx\frac{e(k)-e(k-1)}{T} \end{cases} \tag{6-43}$$

(1) 位置式 PID 控制算法 位置式 PID 表达式为:

$$u(k)=k_pe(k)+k_i\sum_{j=1}^k e(j)T+k_d\frac{e(k)-e(k-1)}{T} \tag{6-44}$$

旋翼飞行器通过控制量 $u(k)$ 调节旋翼的飞行状态,T 为采样时间,k 为采样序号,$e(k)$ 为期望值与实际测量值之差。位置式 PID 积分项存在 $j=1$ 到 $j=k$ 时刻误差累积,计算量大大增加,致使旋翼飞行状态不佳。

(2) 增量式 PID 控制算法 增量式 PID 算法的数学表达式为:

$$\Delta u(k)=k_p[e(k)-e(k-1)]+k_ie(k)+k_d[e(k)-2e(k-1)+e(k-2)] \tag{6-45}$$

其中,PID 三个输入:

$$\begin{cases} x(1)=e(k)-e(k-1) \\ x(2)=e(k) \\ x(3)=e(k)-2e(k-1)+e(k-2) \end{cases} \tag{6-46}$$

k_p、k_i、k_d 是比例,积分和微分参数,$e(k)$ 为误差信号,$u(k)$ 为

控制器发出控制信号，$\Delta u(k)$ 为控制增量。旋翼飞行器采用增量式 PID 算法时，只需将 k 时刻与 $k-1$ 时刻飞行器输出控制量相减得到控制增量。PID 控制量仅与 k、$k-1$ 和 $k-2$ 时刻有关，不会产生很大误差累计。可以看出，增量式 PID 控制算法不仅具有数字化处理机制，而且误差累计较小。

6.4.2　基于 ACPSO-WFLN 的 PID 控制系统

6.4.2.1　ACPSO-WFLN 网络模型

传统小波神经网络（Wavelet Neural Network，WNN）初始参数设定困难、容易陷入局部极值，本文提出一种基于自适应混沌粒子群算法（Adaptive Chaotic Particle Swarm Optimization，ACPSO）优化小波链神经网络（Wavelet Functional Link Neural Network，WFLN），加强网络并行运算能力，改善粒子群早熟收敛问题，实现全局与局部寻优能力动态平衡，实验表明，较其它网络可明显减少隐层神经元数目与迭代步数，均方根误差最大降低至 0.0723，具有较高的预测精度。

（1）小波链接型神经网络　随机矢量函数型连接网络（Random Vector Functional Link Net，RVFLN）作为一种单隐含层连接型神经网络，结构简单、训练速度快，可应用于模式识别与分类。WNN 为具有良好时频局部性、函数逼近能力前馈型神经网络，已被广泛应用于预测领域[20~21]。本文基于对 RVFLN 和 WNN 的研究，构建小波随机矢量函数链网络（WFLN）[22]。图 6-18 为 WFLN 网络结构图。

设输入节点数、隐层节点数和输出层节点数分别为 k，l，m，网络结构为 $k-l-m$。其中，$x=[x_1, x_2 \cdots x_n]^T \in R^n$ 为小波神经网络输入矢量，$y(x)=[y_1, y_2 \cdots y_m]^T \in R^m$ 为输出矢量，$w_{i,j}$ 代表输入层到隐含层之间的权重，$w_{j,k}$ 代表隐含层到输出层之间的权重，ψ_j 表示隐含层的激活函数。对于输入样本 x_i，隐含层表达式如下。

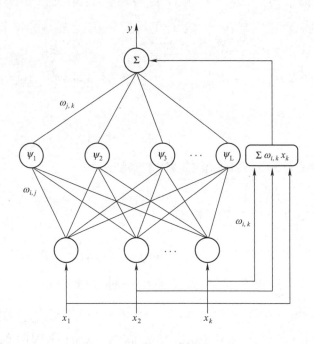

图 6-18　WFLN 网络结构图

$$\psi(j)=\psi_j\left(\frac{\sum_{i=1}^{k}w_{i,j}x_i-b_j}{a_j}\right)\quad i=1,2,\cdots,n,j=1,2,\cdots,h\quad(6\text{-}47)$$

其中 a_j 和 b_j 分别代表网络的伸缩参数和平移参数，隐含层选用 Morlet 小波函数作为小波基函数，输出层选取 Sigmoid 函数作为激励函数。

Morlet 函数为：

$$\psi(x)=\cos(1.75x)\cdot e^{\left(\frac{-x^2}{2}\right)}\qquad(6\text{-}48)$$

Sigmoid 函数为：

$$g(x)=\frac{1}{[1+\exp(-x)]}\qquad(6\text{-}49)$$

输出层可表示为：

$$y(k)=\sum_{j=1}^{l}w_{j,k}\psi(j)+\sum_{k=1}^{m}w_{i,k}\cdot x_k,k=1,2,\cdots,m\qquad(6\text{-}50)$$

网络的输出误差 E 为

$$E = \frac{1}{2}\big[y'(k) - y(k)\big]^2 \tag{6-51}$$

式中，$y'(k)$ 为网络预期输出，$y(k)$ 是模型实际输出。

WLFN 网络将输入矢量接收特征直接映射给输出矢量，网络线性部分无需再由非线性函数近似逼近，可有效提高整体并行运算能力和收敛速度，进而提高网络自适应性。确定网络各输入输出节点后，网络训练关键在于初始权值、阈值确定。这些参数选取主要依赖于 WFLN 网络训练算法的优化，因此找到一种适合小波链神经网络初始参数是很重要的。

（2）自适应混沌粒子群 粒子群算法（Particle Swarm Optimization，PSO）作为一种模拟种群社会行为的智能算法，其收敛速度较快、在速度与精度方面表现出一定优势，但在寻优过程中存在早熟和陷入局部极值问题。针对传统 PSO 算法后期局部寻优能力弱的不足，通过引入混沌优化因子与动态惯性权重系数对其进行改进，得到 ACPSO 优化算法。

粒子速度和位置基本公式为：

$$v_i(t+1) = wv_i(t) + c_1 r_1\big[p_{\text{best}_i}(t) - x_i(t)\big] + c_2 r_2\big[g_{\text{best}}(t) - x_i(t)\big]$$

$$\tag{6-52}$$

$$x_i(t+1) = x_i(t) + v_i(t+1) \tag{6-53}$$

w 为用于调节解空间搜索能力惯性权重，c_1、c_2 为用于调整最大步长学习因子，r_1、r_2 为用于加强随机搜索性随机函数，v_i、$v_i(t+1)$ 为第 i 个粒子在 t、$t+1$ 时刻速度，x_i、$x_i(t+1)$ 为第 i 个粒子在 t、$t+1$ 时刻位置，p_{best} 是第 i 个粒子在迭代结束后搜寻到最佳位置，g_{best_i} 是群体在迭代结束后搜索到最优位置。

采用混沌序列对 v、x 初始化，产生大量初始群体以提高粒子寻优选择性，搜索出最优初始种群，增加算法跳出局部极值能力。通过 Logistic

映射产生的混沌序列方程为：

$$\beta_{i+1}=\mu\beta_i(1-\beta_i)　\beta\in(0,1) \tag{6-54}$$

μ 为控制参数，β_i（$i=1$，2，$\cdots$，N）为迭代 n 次后 N 维混沌序列。在得到混沌序列后，在式（6-51）中加入含有混沌因子混沌向量，映射到优化空间。

$$z_{i+1}=(z_{\max}-z_{\min})\beta_{i+1}+z_{\max} \tag{6-55}$$

z_{i+1} 为当前此刻 Logistic 混沌扰动因子，$z_{\max}$、$z_{\min}$ 为 N 维变量上下限。

由于 w 选取直接影响粒子速度，较大 w 可增强粒子种群全局寻优能力，较小 w 会提高粒子种群局部搜索能力。因此，引入自适应惯性权重因子对式（6-51）改进，使 w 取值随着适应值的变化而自动调整，达到算法整体寻优能力与局部改良能力之间动态平衡，如式（6-55）所示。

$$w=\begin{cases}w_{\min}-\dfrac{(w_{\max}-w_{\min})(f-f_{\min})}{f_{\mathrm{avg}}-f_{\min}} & f\leqslant f_{\mathrm{avg}} \\ w_{\max} & f>f_{\mathrm{avg}}\end{cases} \tag{6-56}$$

$w_{\max}$、$w_{\min}$ 表示惯性权重最大值与最小值；f 为粒子当前适应值；f_{avg} 为此刻种群平均适应值；$f_{\min}$ 为当前种群最小适应值。

（3）ACPSO-WFLN 建模　ACPSO-WFLN 建模步骤如下。

① 在搜索范围内随机产生 m 个粒子初始位置和速度，确定网络中各个参数 $\{w_{i,j}$，a_j，b_j，$w_{j,k}$，$w_{i,k}\}$，并设定 c_1、c_2、$w_{\max}$ 和 $w_{\min}$、混沌因子 β 等参数。

② 随机生成 N 维向量 z_i（$i=1$，2，$\cdots$，N），计算粒子群适应度，从 N 个初始群体中选择性能较好的解作为初始解，并随机产生初始速度。

③ 计算 WLFN 的网络输入输出响应值，并利用式（6-51）计算粒子群适应度值 f_i，进而确定个体最优位置 p_{best} 与群体最优位置 g_{best_i}。

④ 利用式（6-52）、式（6-53）更新各粒子速度与位置，由式（6-56）计

算惯性权重因子并自适应更新速度。

⑤ 混沌优化适应度最优粒子，对可行解计算适应值 f_i，得到最优解，并代替此刻群体中粒子位置。

⑥ 判断当前训练是否满足训练条件，若条件满足则停止迭代，输出最优位置；反之，则返回步骤③反复迭代直到符合条件。

⑦ 找到全局最优个体后，将其解码为 WLFN 网络初始权重和阈值，计算误差并更新网络各初始值

⑧ 训练及预测经过 ACPSO 优化的 WLFN 网络。

6.4.2.2　神经网络 PID 控制理论模型

（1）ACPSO-WFLN-PID 控制原理　PID 神经网络控制就是通过神经网络对控制系统进行自调整与自适应学习，实现 PID 算法最佳控制参数选取。PID 神经网络控制器简称 PIDNN 控制器，由经典 PID 和神经网络 NN 两部分组成，由 NN 模块从多组参数组合中学习训练，使输出层神经元输出对应 PID 控制器 k_p、k_i、k_d 三个参数，最终达到控制性能指标优化的目的。基于 ACPSO-WFLN 的 ACPSO-WFLN-PID 控制器结构图如图 6-19。

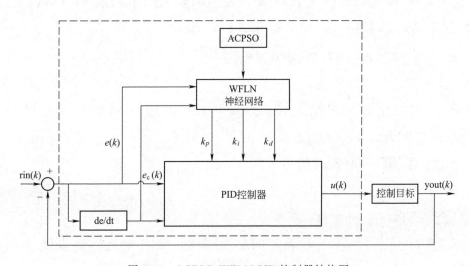

图 6-19　ACPSO-WFLN-PID 控制器结构图

首先利用 ACPSO 算法获取 WFLN 神经网络的最优权重、伸缩、平移等初始参数；然后利用 WFLN 网络整定 PID 控制器三个参数 k_p、k_i 和 k_d 进行；最后，通过梯度下降法在线训练实现控制效果整体优化。

① PID 控制模块：采用增量式 PID 控制方式。

$$\begin{cases} u(k)=u(k-1)+k_p \cdot e_c(k)+k_i \cdot e(k)+k_d \cdot [e_c(k)-e_c(k-1)] \\ e(k)=rin(k)-yout(k) \\ e_c(k)=e(k)-e(k-1) \end{cases}$$

(6-57)

式中，$u(k)$ 为控制器在第 k 次采样时间输出值。$e(k)$、$e_c(k)$ 分别为控制误差和误差变化率，$rin(k)$、$yout(k)$ 分别为系统输入和输出。

② 控制算法模块：利用改进粒子群优化算法得到 WFLN 网络初始参数，然后基于 WFLN 神经网络对 PID 控制器三个参数进行整定。其中 WFLN 网络的输入为 $e(k)$ 和 $e_c(k)$，输出分别是 k_p、k_i 和 k_d。控制算法可以归纳如下：

a. 利用 ACPSO 寻求 WFLN 网络最优初始权值 $w_{i,j}(0)$、$w_{j,k}(0)$ 和 $w_{i,k}(0)$；设定 ACPSO-WFLN 神经网络输入层节点数 M 和隐含层节点数 N，学习速率 η、a_j 和平移参数 b_j，此时令 $k=1$。

b. 采样得到 $rin(k)$ 和 $yout(k)$，计算 k 时刻的误差 $e(k)=rin(k)-yout(k)$。

c. 计算网络各层神经元的输入与输出，WFLN 输出层的输出对应 PID 控制器的 k_p、k_i 和 k_d。

d. 计算 PID 控制器的输出 $u(k)$。

e. 基于梯度下降法在线调整 $w_{i,j}(k)$、$w_{j,k}(k)$ 和 $w_{i,k}(k)$ 等参数，自适应整定 PID 控制参数。

f. 置 $k=k+1$，若条件满足则结束寻优；反之则返回到步骤 c.，直至系统误差满足要求为止。

（2）四旋翼控制示例　为验证 ACPSO-WFLN-PID 对四旋翼稳定性控制效果，分别以传统 PID 算法、WFLN-PID 算法和本文所提算法进行飞行器稳定性能比较。依次对三个姿态、高度通道输入幅值为 $1rad$ 和 $1m$ 阶跃信号，其中采样周期为 $T=0.001s$。三个姿态角和高度通道仿真结果如图 6-20 所示，系统超调量和稳定时间性能指标如表 6-4 所示。

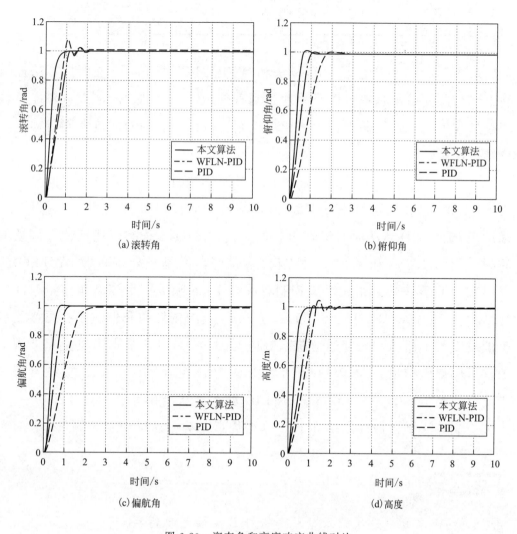

图 6-20　姿态角和高度响应曲线对比

表 6-4　系统超调量和稳定时间性能指标

性能指标	姿态角	本文算法	WFLN-PID 算法	PID 算法
超调量/(δ%)	滚转角/rad	0.03	0.04	8.25
	俯仰角/rad	2.11	1.24	1.26
	偏航角/rad	0.45	0.07	0.04
	高度/m	0.01	1.13	6.29
稳定时间/s	滚转角/rad	1.03	1.25	2.37
	俯仰角/rad	1.08	1.46	2.60
	偏航角/rad	0.84	1.21	2.49
	高度/m	0.72	1.38	2.52

　　从图 6-20 可看出，较 PID 算法和 WFLN-PID 算法，本文所提算法控制下飞行器姿态角基本可以平稳地达到理想值，可实现 lm 定点悬停，且调整过程中基本无振荡现象。优化后控制器可以很好地对四旋翼飞行器进行稳定控制。

　　从图 6-20、表 6-4 可知，采用 PID 控制算法时，姿态角整定时间分别为 $t=2.37s$、$t=2.60s$ 和 $t=2.49s$，滚转角和高度通道发生较大振荡。采用 WFLN-PID 算法时，滚转角和偏航角比 PID 算法响应速度快，调整时间分别为 1.25s 和 1.21s，控制效果较好，但是整定时间比 ACPSO-WFLN-PID 算法长。采用本文控制算法对 φ、θ 和 ψ 三个姿态角整定时间分别为：$t=1.03s$、$t=1.08s$ 和 $t=0.84s$，其中俯仰角和偏航角在可接受范围发生较小超调，高度通道阶跃响应时间为 0.72s，基本未发生超调现象。可以得出结论：ACPSO-WFLN 算法 PID 控制较传统 PID 控制算法准确率提高了 58.23%，较 WFLN-PID 控制算法准确率提高了 22.19%。本文控制算法结合神经网络和 PID 算法优点，响应速度快且超调量小。

思考题

1. 描述本章先进机器人架构与云计算架构之间的关系。

2. 什么是 RGB-D 相机？它的成像原理是什么？

3. 模拟 PID 与数字 PID 模型的区别与联系是什么？

4. 云计算的本质是什么？为什么以构件和消息机制为基础的计算模型能够满足云计算需求？

5. 何谓移动机器人路径规划？

6. 简述 Elman-DIOC 与 ACPSO-WFLN 网络结构的异同。

参考文献

[1]　Scaramuzza D，Fraundorfer F. Visual Odometry：Part I：The First 30 Years and Fundamentals [J]. IEEE Robotics & Automation Magazine，2011，18（4）：80-92.

[2]　Fraundorfer F，Scaramuzza D. Visual Odometry：Part II：Matching，Robustness，Optimization，and Applications [J]. IEEE Robotics & Automation Magazine，2012，19（2）：78-90.

[3]　晁斌，王耀力．大范围场景下 RGBD 相机视觉里程计研究 [J]. 现代电子技术 . 2019. 3.

[4]　Newcombe R A，Lovegrove S J，Davison A J. DTAM：Dense tracking and mapping in real-time [C]. International Conference on Computer Vision. IEEE Computer Society，2011：2320-2327.

[5]　Henry P，Krainin M，Herbst E，et al. RGB-D Mapping：Using Depth Cameras for Dense 3D Modeling of Indoor Environments [C]. The International Symposium on Experimental Robotics. 2010：647-663.

[6]　付梦印，吕宪伟，刘彤，等．基于 RGB-D 数据的实时 SLAM 算法 [J]. 机器人，2015，37（6）：683-692.

[7]　Endres F，Hess J，Sturm J，et al. 3-D Mapping With an RGB-D Camera [J]. IEEE Transactions on Robotics，2014，30（1）：177-187.

[8]　Kerl C，Sturm J，Cremers D. Dense visual SLAM for RGB-D cameras [C]. IEEE/RSJ International Conference on Intelligent Robots and Systems，2014：2100-2106.

[9]　Kerl C，Sturm J，Cremers D. Robust odometry estimation for RGB-D cameras [C]. IEEE International Conference on Robotics and Automation，2013：3748-3754.

[10]　Zhang J，Kaess M，Singh S. A real-time method for depth enhanced visual odometry [J]. Autonomous Robots，2017，41（1）：1-13.

[11]　Cvišić I，Petrović I. Stereo odometry based on careful feature selection and tracking [C]. European Conference on Mobile Robots. 2015：1-6.

[12]　Nistér D. An efficient solution to the five-point relative pose problem [J]. IEEE Transactions on Pattern Analysis & Machine Intelligence，2004，26（6）：756.

[13]　Hartley R I. In defense of the eight-point algorithm [J]. IEEE Pami，1997，19（6）：580-593.

[14]　Yushan Sun，Yueming，Guocheng Zhang，et al. Actuator fault diagnosis of autonomous underwater vehicle based on improved Elman neural network [J]. Journal of Central South University，2016，23（4）：808-816.

[15]　Peng，T. M，Hubele，et al. Advancement in the application of neural networks for short-term load fore-

casting [J]. IEEE Transactions on Power Systems，1992，7（1）：250-257.

[16] Ren Y，Suganthan P N，Srikanth N，et al. Random vector functional link network for short-term electricity load demand forecasting [J]. Information Sciences，2016，367：1078-1093.

[17] Yaoli Wang，Lipo Wang＊，Qing Chang，et al. Effects of direct input-output connections on multilayer perceptron neural networks for time series prediction [J]. Soft Computing，2020，24（1）：4729-4738.

[18] Yaoli Wang，Lipo Wang＊，Fangjun Yang，et al. The effect of direct input-to-output connections on Elman neural networks for stock index prediction [J]. Information Sciences，2020，4.

[19] Australian energy market operator [OL]. http：//www. aemo. com. au/，2015.

[20] Jyothi M N，Rao P V R. Very-short term wind power forecasting through Adaptive Wavelet Neural Network [C]. Biennial International Conference on Power and Energy Systems：Towards Sustainable Energy. IEEE，2016：1-6.

[21] Abhinav R，Pindoriya N M，Wu J，et al. Short-term wind power forecasting using wavelet-based neural network [J]. Energy Procedia，2017，142：455-460.

[22] 杨春霞，王耀力. ACPSO-WFLN算法在短期风电功率预测中的应用 [J]. 电测与仪表，2019，56（13）：76-80.

旋翼飞行器在森林防火、生态环境监测，以及林业方面如巡检、植保、枯疏调查、产量预估等方面有着广泛应用。旋翼飞行器在林草火灾监测预警系统中主要用于信息采集部分（Sensors），它随着搭载机具不同完成各式各样的信息采集任务。作为一种独立的机器人系统，旋翼飞行器的设计也应遵循先进机器人架构的设计理念。有关旋翼飞行器设计理论已经有大量研究予以阐述，本章从林草防火实际需求出发，着重讨论我们在风环境下旋翼飞行控制器抗干扰设计方面的研究成果，重点研究旋翼飞行系统表达层数学建模原理。

7.1 抗风干扰研究现状

旋翼飞行器研究可以追溯到 20 世纪初期。直到 21 世纪，随着新型材料、微电子系统以及导航控制等相关技术发展，为旋翼飞行器向着小型化及多样化发展提供了技术支持。

随着小型旋翼飞行器作业环境由室内移向室外，飞行器在定轨巡视、定点悬停等任务方面常常受外界环境风场干扰，其抗风性能得到研究者广泛关注。屈耀红等[1]利用风场三角形速度矢量合成式估计风场信息，并将估计风速信息修正飞行器飞行航迹，提高飞行器抗风干扰能力。张婧等[2]设计 LQG/LTR 与 PID 算法结合的控制系统，采用卡尔曼滤波对风扰数据噪声做滤波处理。Steven 等研究四旋翼飞行器动力学方程和 Dryden 风场模型，用数值仿真方法模拟风场环境，利用飞行数据获得风场信息并补偿 PID 控制量，调整飞行状态提高飞行器抗风性能。雷旭升等[4]研究风场环境下飞行轨迹控制问题，采用滑模算法设计相应控制器，并采用矢量域方法获得飞行器在风场中航迹信息。李一波等[5]利用 Von Karman 模型模拟风场环境，采用主动建模技术估计飞行器模型不确定参数以确定相应扰动量，设计了基于 LQG 算法控制器消除外界扰动。何勇灵等[6]采用 Dryden 风场模型模拟四旋翼飞行环境，并将风场扰动力添加到基于积分反演算法控制系统中，以此抵消风场扰动的影响。Fabrizio 等[7]在 LQR 控制算法基础上添加积分项来提高四旋翼抗干扰能力，并在风洞中实验验证了所建模型准确性及控制器有效性。Chen 等[8]研究风场环境下四旋翼动力模型，将自适应鲁棒控制与滑模控制相结合设计系统控制器，使控制器能根据外界扰动力大小实时调整相应控制量。Lyu 等[9]以垂直起降（Vertical Take-off and Landing，VTOL）UAV 为研究对象，建立飞行器风场动力学模型，设计 PID 控制器并将风场扰动力与 PID 调节量结合解算出升力，以此抵消风扰影响。Yuying 等[10]采用自抗扰算法设计四旋翼控制器，通过状态观测器估计外界扰动，调整相应控制量以提高抗风性能。

在风场环境下旋翼飞行器状态估计研究方面，由于旋翼飞行器实际飞行过程中 IMU（Inertial Measurement Unit）测得数据通常带有较多噪声，所得飞行器状态信息不准确，需要设计相应滤波算法处理测量数据。汪绍华等[11]采用白噪化方法处理实际存在有色噪声，采用 EKF 算法对测量数据滤波[12]。Norafizah 等为获得四旋翼飞行时姿态信息，采用 EKF 算法设计状态估计器。Moyano 等[13]采用 EKF 算法设计飞行器状态估计器，并把风场扰动力添加到状态方程中，使状态估计器在得到四旋翼姿态信息的同时也可得到风场扰动力信息。张欣等[14]采用自适应 EKF 算法设计状态估计器，并且能够实时估计测量噪声协方差。

上述旋翼飞行器抗风性能研究，仍需解决：①应建立风场模型模拟真实风场干扰；②应在算法层面获得风扰动值；③应建立满足旋翼飞行器实时控制要求的抗风扰模型与状态估算法模型。为此我们提出基于 AEKF-IC-PID 算法四旋翼控制系统设计模型。

7.2 旋翼风场模型与空气动力学分析

7.2.1 风场模型

室外风场工程化模型是对大量风场环境长期观测与统计归纳总结而成的，它反映风场现象本质机理与形成过程，我们可利用此类模型产生风场，以模拟真实外界风场环境。

7.2.1.1 风切变

由于四旋翼飞行器飞行高度有限，本文主要对地面边界层风切变进行研究。此类风场工程化模型为 Prandtl 对数模型，适于 $30\sim100\mathrm{m}$ 以下高度范围，假设风速值只与飞行高度有关，在水平方向上为定值。模型为：

$$V_{\mathrm{pw}} = \frac{V_{\mathrm{w0}}}{k} \ln \frac{H}{H_0} \tag{7-1}$$

式中，V_{pw} 表示产生的风切变风速值，H_0 表示粗糙度高度，一般取为 0.05，H 表示四旋翼的飞行高度，k 表示 Karman 常数，一般取为 0.4，V_{w0} 为摩擦速度，由地面上剪应力 τ_0 和空气密度 ρ 决定，如式(7-2) 所示。

$$V_{\mathrm{w0}} = \sqrt{\frac{\tau_0}{\rho}} \tag{7-2}$$

图 7-1 为地面边界层风切变剖面图。

7.2.1.2 离散突风

离散突风又称为阵风，表现为各个方向上风速突然剧烈变化，可表征地形诱导气流、紊流中峰值等。此类风场工程化模型有全波长离散突风模

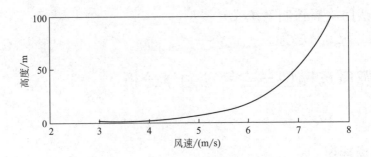

图 7-1　地面边界层风切变剖面图

型和半波长离散突风模型，而在一般应用研究中，通常采用半波长离散突风。半波长离散突风模型如式(7-3)。

$$\begin{cases} V_{\mathrm{w}}=0 & x<0 \\ V_{\mathrm{w}}=\dfrac{V_{\mathrm{w_m}}}{2}\left(1-\cos\dfrac{\pi x}{d_{\mathrm{m}}}\right) & 0\leqslant x\leqslant d_{\mathrm{m}} \\ V_{\mathrm{w}}=V_{\mathrm{w_m}} & x>d_{\mathrm{m}} \end{cases} \quad (7-3)$$

式中，d_{m} 表突风尺度范围，$V_{\mathrm{w_m}}$ 表突风峰值，x 为离突风中心距离。图 7-2 为半波长离散突风示意图。

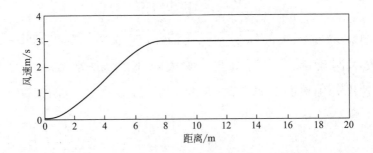

图 7-2　半波长离散突风示意图

7.2.1.3　紊流

外界环境中风组成成分并不单一，既有低频成分又有高频成分。风切变与离散突风为低频成分风场类型，紊流属风场中高频部分，表现为风场风速的随机波动性，对飞行器稳定飞行具有较大影响。此类风场工程化模型称为紊流模型。紊流模型一般分为 Dryden 模型和 Von Karman 模型。由于 Von Karman 模型具有较复杂频谱函数，不利于分解出合适成形滤波器，产生模拟风速过程复杂，因此通常采用 Dryden 模型进行研究。利用 Dryden 模型生成模拟风场过程是：将风场模型频谱函数分解，产生风场成形滤波器；然后将白色噪声输入此滤波器便可模拟出紊流风场。

Dryden 模型是对大气紊流现象长期统计测量而得，它表示纵向与横向风速间相关性。Dryden 模型如式(7-4)。

$$
\begin{cases}
f(\tau) = \sigma^2 e^{-\tau/(L/V)} \\
g(\tau) = f(\tau)[1 - \tau/(2L/V)]
\end{cases}
\tag{7-4}
$$

式中，$f(\tau)$ 表纵向风速间相关函数，$g(\tau)$ 表横向风速间相关函数，τ 为时间变量，σ 为紊流强度，L 为紊流尺度，V 为飞行速度。

对相关函数进行傅里叶变换后可得到三个方向的频谱函数，如式(7-5)。

$$
\Phi_{u}(\omega) = \sigma_{u}^2 \frac{L_u}{\pi v} \frac{1}{1 + \left[\left(\dfrac{L_u}{v}\right)\omega\right]^2}, \quad
\Phi_{v}(\omega) = \sigma_{v}^2 \frac{L_v}{\pi v} \frac{1 + 12\left[\left(\dfrac{L_v}{v}\right)\omega\right]^2}{\left\{1 + 4\left[\left(\dfrac{L_v}{v}\right)\omega\right]^2\right\}^2},
$$

$$
\Phi_{w}(\omega) = \sigma_{w}^2 \frac{L_w}{\pi v} \frac{1 + 12\left[\left(\dfrac{L_w}{v}\right)\omega\right]^2}{\left\{1 + 4\left[\left(\dfrac{L_w}{v}\right)\omega\right]^2\right\}^2}
\tag{7-5}
$$

式中，σ_u、σ_v、σ_w 表示纵轴、横轴和竖轴等 3 个方向紊流强度，L_u、L_v、L_w 表示 3 个方向的紊流尺度，v 表示 3 个轴向飞行速度。由于四旋翼一般在低空飞行，L 和 σ 可按式(7-6) 求得：

$$
\begin{cases}
2L_w = h, \quad L_u = 2L_v = \dfrac{h}{(0.177 + 0.000823h)^{1.2}} \\
\sigma_w = 0.1 u_{20}, \quad \dfrac{\sigma_u}{\sigma_w} = \dfrac{\sigma_v}{\sigma_u} = \dfrac{1}{(0.177 + 0.000823h)^{0.4}}
\end{cases}
\tag{7-6}
$$

式中，h 表示飞行高度，u_{20} 表示 $6.096\mathrm{m}$ 高度处风速大小。

将白噪声输入成形滤波器，输出频谱函数为：

$$\Phi(\omega)=|G(i\omega)|^2=G^*(i\omega)G(i\omega) \tag{7-7}$$

由式(7-7) 对式(7-5) 分解可得生成紊流信号传递函数。

$$
\begin{cases}
G_u(s)=\dfrac{K_u}{T_u s+1}, & K_u=\sigma_u\sqrt{\dfrac{L_u}{\pi v}}, & T_u=\dfrac{L_u}{v} \\[4mm]
G_v(s)=\dfrac{K_v}{T_v s+1}, & K_v=\sigma_v\sqrt{\dfrac{L_v}{\pi v}}, & T_v=\dfrac{2L_v}{\sqrt{3}\,v} \\[4mm]
G_w(s)=\dfrac{K_w}{T_w s+1}, & K_w=\sigma_w\sqrt{\dfrac{L_w}{\pi v}}, & T_w=\dfrac{2L_w}{\sqrt{3}\,v}
\end{cases} \tag{7-8}
$$

图 7-3 为紊流风场示意图。

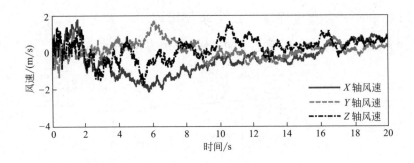

图 7-3   紊流风场示意图

室外风场类型由上述三种风场模型构成，因此，将风速数据组合可模拟飞行器室外飞行真实风场环境。

7.2.2   风场环境下四旋翼飞行器系统建模

通常，为简化四旋翼飞行器系统模型，认为四旋翼不受外界因素干扰，该假设对在室内飞行四旋翼而言是比较合理的，但当四旋翼在有风场存在室外环境下飞行时，如森林草场上空飞行就需要将风场因素加入四旋翼建模中，本节将简述这一建模过程。

7.2.2.1　坐标系的建立与转换

（1）建立坐标系　为描述 X 型四旋翼空间位置，分别建立地面坐标系、机体坐标系和气流坐标系。

地面坐标系 $O_eX_eY_eZ_e$：取相对地面某一点为原点 O_e，X_e 轴指向正东，Z_e 轴垂直于 X_e 轴指向上方，Y_e 轴由右手定则确定。

机体坐标系 $O_bX_bY_bZ_b$：取四旋翼质心为原点 O_b，以四旋翼前进方向为 X_b 轴，Z_b 轴垂直于平面 $X_bO_bY_b$ 指向上，Y_b 轴由右手定则确定。

气流坐标系 $O_aX_aY_aZ_a$：取四旋翼的质心为原点 O_a，X_a 轴为四旋翼的飞行速度方向的正前方，Z_a 轴垂直于轴 X_a 指向下，Y_a 轴则由右手定则确定。

通过三个坐标系可以定出四旋翼如下变量：

$X_e=[x\ y\ z]^T$ 表示四旋翼质心在地面坐标系相对位置；$V=[u\ v\ w]^T$ 表示四旋翼质心在机体坐标系线速度；$\Theta=[\phi\ \theta\ \psi]^T$ 表示四旋翼在地面坐标系滚转角、俯仰角和偏航角；$\omega=[p\ q\ r]^T$ 表示四旋翼在机体坐标系对应的三轴姿态角速度；$V_{wa}=[u_{wa}\ v_{wa}\ w_{wa}]^T$ 表示气流坐标系三轴方向的风速分量，α 表示迎角，β 表示侧滑角。

（2）坐标系间转换　用滚转角 ϕ、俯仰角 θ 和偏航角 ψ 三个姿态角表示四旋翼系统机体坐标系与地面坐标系之间关系。设四旋翼在空间某一位置质心与地面坐标系中原点重合，用上述三个姿态角经过一定旋转顺序转过相应角度后将两个坐标系重合。如图 7-4 所示。

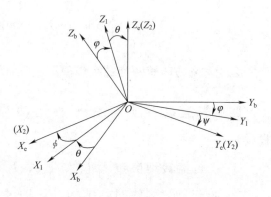

图 7-4　三轴姿态转换示意图

分别用二个基元旋转矩阵 $R_x(\phi)$、$R_x(\phi)$、$R_z(\psi)$ 转换坐标系：

$$R_x(\phi) = \begin{bmatrix} 1 & 0 & 0 \\ 0 & \cos\phi & -\sin\phi \\ 0 & \sin\phi & \cos\phi \end{bmatrix} \tag{7-9}$$

$$R_z(\psi) = \begin{bmatrix} \cos\psi & -\sin\psi & 0 \\ \sin\psi & \cos\psi & 0 \\ 0 & 0 & 1 \end{bmatrix} \tag{7-10}$$

机体坐标系到地面坐标系转换矩阵 R_{be} 为：

$$R_{be} = R_z(\psi)R_y(\theta)R_x(\phi) =$$

$$\begin{bmatrix} \cos\theta\cos\psi & -\cos\phi\sin\psi+\sin\phi\sin\theta\cos\psi & \sin\phi\sin\psi+\cos\phi\sin\theta\cos\psi \\ \cos\theta\sin\psi & \cos\phi\cos\psi+\sin\phi\sin\theta\sin\psi & -\sin\phi\cos\psi+\cos\phi\sin\theta\sin\psi \\ -\sin\theta & \sin\phi\cos\theta & \cos\phi\cos\theta \end{bmatrix}$$

$$\tag{7-11}$$

地面坐标系到机体坐标系转换矩阵 R_{eb} 为：

$$R_{eb} = R_{be}^T \tag{7-12}$$

气流坐标系到机体坐标系转换矩阵 R_{ab} 为：

$$R_{ab} = \begin{bmatrix} \cos\alpha\cos\beta & -\cos\alpha\sin\beta & -\sin\alpha \\ \sin\beta & \cos\beta & 0 \\ \sin\alpha\cos\beta & -\sin\alpha\sin\beta & \cos\alpha \end{bmatrix} \tag{7-13}$$

7.2.2.2　风场环境四旋翼系统模型

四旋翼运动状态分为平移运动和转动运动，为简化系统模型，假设：

① 飞行器转动惯量积 I_{xy}、I_{yx}、I_{xz}、I_{zx}、I_{yz}、I_{zy} 为 0；

② 四旋翼为刚体对称结构，运动过程中不会发生形变。

建立飞行器风场环境平移运动方程和转动运动方程：

$$m\ddot{X}=F \tag{7-14}$$

$$I_{3\times3}\ddot{\Theta}+\dot{\Theta}\times I_{3\times3}\dot{\Theta}=M \tag{7-15}$$

式中，$\ddot{X}$ 表飞行器质心处三轴线加速度，m 表示飞行器质量，F 表示飞行器所受合外力，$\ddot{\Theta}$ 表示飞行器三轴角加速度，$\dot{\Theta}$ 表示飞行器三轴角速度，I 表示飞行器转动惯量矩阵，它的主对角线元素 I_{xx}、I_{yy}、I_{zz} 为三轴方向转动惯量，其余元素为转动惯量积，均为 0；M 表示飞行器所受合外力矩。

（1）平移运动方程　如图 7-5 所示，在风场环境四旋翼主要受力来源于旋翼升力 T_i，旋翼阻力 D_i，机身重力 mg 以及机身在风场中所受阻力 F_w；在地面坐标系四旋翼所受合外力为：

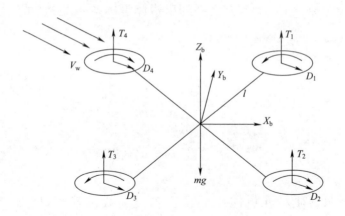

图 7-5　四旋翼所受力与力矩示意图

$$F=R_{be}\sum_{i=1}^{4}(T_i-D_i)-mg\vec{Z}-F_w \tag{7-16}$$

式中，$F_w=1/2\rho C_w S V_w^2$，C_w 表示风场阻力系数，S 为风场中机身有效面积，V_w 表示地面坐标系风速数据，由式(7-16) 给出。

$$V_w=R_{ab}R_{be}V_{wa} \tag{7-17}$$

其中 $V_{wa}=[V\ 0\ 0]^T$ 表示气流系风速信息。

地面坐标系四旋翼平移运动方程为：

$$\begin{cases} m\,\ddot{x} = (\cos\psi\sin\theta\cos\phi + \sin\psi\sin\phi)\sum_{i=1}^{4}(T_i - D_i) - \dfrac{1}{2}\rho S_x C_{wx} u_w^2 \\ m\,\ddot{y} = (\cos\phi\sin\theta\sin\psi - \cos\psi\sin\phi)\sum_{i=1}^{4}(T_i - D_i) - \dfrac{1}{2}\rho S_y C_{wy} v_w^2 \\ m\,\ddot{z} = (\cos\theta\cos\phi)\sum_{i=1}^{4}(T_i - D_i) - mg - \dfrac{1}{2}\rho S_z C_{wz} w_w^2 \end{cases}$$

$$(7\text{-}18)$$

式中，$[\ddot{x}\ \ddot{y}\ \ddot{z}]^T$ 表示质心在地面坐标系三轴方向线加速度，$[u_w\ v_w\ w_w]^T$ 表风场风速在地面坐标系三轴方向速度分量，可根据式（7-18）求得。由于旋翼产生阻力非常小，常常忽略不计，所以取旋翼近似升力为 $F_i \approx T_i$，并且 $F_i = k_T \Omega_i^2$，k_T 表示升力系数，Ω_i 表示第 i 个旋翼转速。

利用牛顿定律及 Coriolis 方程可列出机体坐标系四旋翼平移运动方程：

$$\begin{cases} \dot{u} = g\,\sin\theta + rv - qw - \dfrac{1}{2m}\rho S_x C_{wx} u_{wb}^2 \\ \dot{v} = -g\,\cos\theta\sin\phi + pw - ru - \dfrac{1}{2m}\rho S_y C_{wy} v_{wb}^2 \\ \dot{w} = \dfrac{1}{m}\sum_{i=1}^{4} F_i + qu - pv - g\cos\theta\cos\phi - \dfrac{1}{2}\rho S_z C_{wz} w_{wb}^2 \end{cases}$$

$$(7\text{-}19)$$

$[\dot{u}\ \dot{v}\ \dot{w}]^T$ 表质心在机体坐标系三轴方向线加速度，$[u_{wb}\ v_{wb}\ w_{wb}]^T$ 表风场在机体坐标系三轴方向风速。

在地面坐标系和机体坐标系各速度间关系方程如下：

$$\begin{cases} \dot{x} = u\,\cos\theta\cos\psi + v(\sin\theta\sin\phi\cos\psi - \cos\phi\sin\psi) + w(\sin\theta\cos\phi\cos\psi + \sin\phi\sin\psi) \\ \dot{y} = u\,\sin\psi\cos\theta + v(\sin\theta\sin\phi\sin\psi + \cos\phi\cos\psi) + w(\sin\theta\cos\phi\sin\psi - \sin\phi\cos\psi) \\ \dot{z} = -u\,\sin\theta + v\sin\phi\cos\theta + w\,\cos\phi\cos\theta \end{cases}$$

$$(7\text{-}20)$$

（2）转动运动方程　地面坐标系角速度 $[\dot{\phi}\ \dot{\theta}\ \dot{\psi}]^T$ 与机体坐标系角速度 $[p\ q\ r]^T$ 可由旋转矩阵转换如下：

$$
\begin{bmatrix} \dot{\phi} \\ \dot{\theta} \\ \dot{\psi} \end{bmatrix} = \begin{bmatrix} 1 & \sin\phi\tan\theta & \cos\phi\tan\theta \\ 0 & \cos\phi & -\sin\phi \\ 0 & \dfrac{\sin\phi}{\cos\theta} & \dfrac{\cos\phi}{\cos\theta} \end{bmatrix} \begin{bmatrix} p \\ q \\ r \end{bmatrix} \tag{7-21}
$$

四旋翼姿态旋转主要受到旋转力矩 M_θ、陀螺效应产生力矩 M_τ 以及风阻力产生力矩 M_w 影响。

旋转力矩 M_θ 表达式如下：

$$
\begin{bmatrix} M_\phi \\ M_\theta \\ M_\psi \end{bmatrix} = \begin{bmatrix} \dfrac{\sqrt{2}}{2}l(F_1 - F_2 - F_3 + F_4) \\ \dfrac{\sqrt{2}}{2}l(F_1 + F_2 - F_3 - F_4) \\ M_{Q1} - M_{Q2} + M_{Q3} - M_{Q4} \end{bmatrix} \tag{7-22}
$$

式中，l 表四旋翼机臂长度。M_{Qi} 表旋翼产生力矩，可简化为 $M_{Qi} = k_M\Omega_i^2$，k_M 表示力矩系数。

陀螺力矩 M_τ 表达式如下：

$$
M_\tau = \begin{bmatrix} -J_r q(-\Omega_1 + \Omega_2 - \Omega_3 + \Omega_4) \\ J_r p(-\Omega_1 + \Omega_2 - \Omega_3 + \Omega_4) \\ 0 \end{bmatrix} = \begin{bmatrix} -J_r q\Omega \\ J_r p\Omega \\ 0 \end{bmatrix} \tag{7-23}
$$

式中，J_r 表示电机转动惯量，Ω_i 表示各电机转速，$\Omega = \Omega_1 - \Omega_2 + \Omega_3 - \Omega_4$。

$$
M_w = \frac{\sqrt{2}}{2}lF_w \tag{7-24}
$$

式中，F_w 为所受风扰力。

机体坐标系四旋翼转动运动方程为：

$$
\begin{cases} I_{xx}\dot{p} = M_\phi + (I_{yy} - I_{zz})qr - J_r q\Omega - M_{wx} \\ I_{yy}\dot{q} = M_\theta + (I_{zz} - I_{xx})pr + J_r p\Omega - M_{wy} \\ I_{zz}\dot{r} = M_\psi + (I_{xx} - I_{yy})pq - M_{wz} \end{cases} \tag{7-25}
$$

风场环境四旋翼系统模型：

$$
\begin{cases}
\ddot{x} = (\cos\psi\sin\theta\cos\phi + \sin\psi\sin\phi)\dfrac{U_1}{m} - \dfrac{1}{2m}\rho S_x C_{wx} u_w^2 \\[2mm]
\ddot{y} = (\cos\phi\sin\theta\sin\psi - \cos\psi\sin\phi)\dfrac{U_1}{m} - \dfrac{1}{2m}\rho S_y C_{wy} v_w^2 \\[2mm]
\ddot{z} = (\cos\theta\cos\phi)\dfrac{U_1}{m} - g - \dfrac{1}{2m}\rho S_z C_{wz} w_w^2 \\[2mm]
\dot{p} = \dfrac{lU_2 + (I_{yy} - I_{zz})qr - J_r q\Omega - M_{wx}}{I_{xx}} \\[3mm]
\dot{q} = \dfrac{lU_3 + (I_{zz} - I_{xx})pr + J_r p\Omega - M_{wy}}{I_{yy}} \\[3mm]
\dot{r} = \dfrac{U_4 + (I_{xx} - I_{yy})pq - M_{wz}}{I_{zz}} \\[3mm]
\dot{\phi} = p + (q\,\sin\phi + r\,\cos\phi)\tan\theta \\[2mm]
\dot{\theta} = q\,\cos\phi - r\,\sin\phi \\[2mm]
\dot{\psi} = (q\,\sin\phi + r\,\cos\phi)/\cos\theta \\[2mm]
\dot{x} = u\,\cos\theta\cos\psi + v(\sin\theta\sin\phi\cos\psi - \cos\phi\sin\psi) + w(\sin\theta\cos\phi\cos\psi + \sin\phi\sin\psi) \\[2mm]
\dot{y} = u\,\sin\psi\cos\theta + v(\sin\theta\sin\phi\sin\psi + \cos\phi\cos\psi) + w(\sin\theta\cos\phi\sin\psi - \sin\phi\cos\psi) \\[2mm]
\dot{z} = -u\,\sin\theta + v\sin\phi\cos\theta + w\,\cos\phi\cos\theta
\end{cases}
$$

$$(7\text{-}26)$$

式中，U_1、U_2、U_3、U_4 分别表示控制四旋翼高度、滚转、俯仰以及偏航运动控制量。

7.3　旋翼控制器抗干扰设计

本节采用 AEKF-IC-PID 算法[21]设计四旋翼控制器。结合抵消风扰力反解算模型，提出与 EKF 结合的状态估计方法，进一步提高系统抗风性能，实现室外风场环境对四旋翼的稳定控制。

系统控制器分为位置控制器和姿态控制器。位置控制器根据输入期望位置与实际位置进行 PID 调节，并将调节量与风扰力结合，经过反解算模块输出相应期望姿态角及升力数值，实现对风扰力的补偿。将期望姿态角输入姿态控制器，并经对应反解算单元求出所需力矩，完成对四旋翼飞行的控制。具体控制结构如图 7-6 所示：

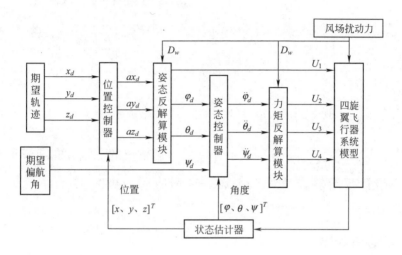

图 7-6　控制结构框图

7.3.1　位置控制器

将期望位置与实际位置偏差经过 PID 控制器处理后输出为期望加速度，以调整四旋翼实际位置。表达式如下：

$$\begin{cases} ax_d = k_p^x(x_d - x) + k_i^x \int (x_d - x)dx + k_d^x(\dot{x}_d - \dot{x}) \\ ay_d = k_p^y(y_d - y) + k_i^y \int (y_d - y)dy + k_d^y(\dot{y}_d - \dot{y}) \\ az_d = k_p^z(z_d - z) + k_i^z \int (z_d - z)dz + k_d^z(\dot{z}_d - \dot{z}) \end{cases} \quad (7\text{-}27)$$

式中，ax_d、ay_d、az_d 分别表示经过 PID 后输出的三轴方向期望加速度。

为抵消风场扰动力影响，需将风场扰动力考虑到所期望四旋翼系统变量中，从而使控制量得到相应调整。利用式(7-18) 设计反解算单元，可求升力及姿态角。

7.3.2 姿态控制器

同位置运动分析类似，姿态控制器表达式如下：

$$\begin{cases} \ddot{\varphi}_d = k_p^\varphi(\varphi_d - \varphi) + k_i^\varphi\displaystyle\int(\varphi_d - \varphi)d\varphi + k_d^\varphi(\dot{\varphi}_d - \dot{\varphi}) \\ \ddot{\theta}_d = k_p^\theta(\theta_d - \theta) + k_i^\theta\displaystyle\int(\theta_d - \theta)d\theta + k_d^\theta(\dot{\theta}_d - \dot{\theta}) \\ \ddot{\psi}_d = k_p^\psi(\psi_d - \psi) + k_i^\psi\displaystyle\int(\psi_d - \psi)d\psi + k_d^\psi(\dot{\psi}_d - \dot{\psi}) \end{cases} \quad (7\text{-}28)$$

式中，$\ddot{\varphi}_d$、$\ddot{\theta}_d$、$\ddot{\psi}_d$ 分别表示经过 PID 后输出的三轴方向期望角加速度。同样设计反解算模块，可求风场环境所需力矩。

7.3.3 状态估计器

采用改进扩展卡尔曼滤波（AEKF）算法[19~21]，从式(7-26)风场环境四旋翼系统模型中提取状态量 $X = [u, v, w, p, q, r, \varphi, \theta, \psi, M_{wx}, M_{wy}, M_{wz}, x, y, z]^T$，确定状态转移矩阵及控制矩阵。

7.4 旋翼式飞行器应用

根据所设计控制器，搭建如图 7-7 所示风场环境下四旋翼系统仿真模型。

通过对控制器参数调试，最终确定控制器参数如表 7-1 所示。

表 7-1 控制器参数

参数	P	I	D
X 轴控制通道	13	0.001	7
Y 轴控制通道	11	0.001	7

续表

参数	P	I	D
Z 轴控制通道	7.5	0.001	8
滚转角控制通道	2	0	5
俯仰角控制通道	2	0	5
偏航角控制通道	3	0.001	7

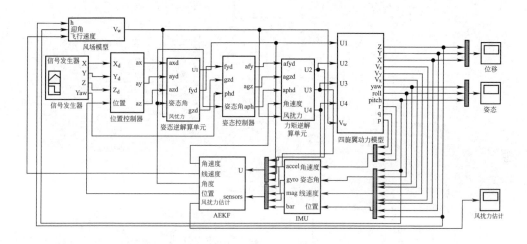

图 7-7　风场环境下四旋翼系统仿真模型

　　四旋翼系统模型中系统动力与风场仿真模型参数选用实验样机实测相关规格参数，如表 7-2 所示。

表 7-2　模型参数表

参数	数值	参数	数值
m/kg	1.0	$I_{xx}/(\mathrm{kg \cdot m^2})$	0.013
l/m	0.19	$I_{yy}/(\mathrm{kg \cdot m^2})$	0.013
R/m	0.125	$I_{zz}/(\mathrm{kg \cdot m^2})$	0.023
$k_T/[\mathrm{N}/(\mathrm{rad/s})^2]$	$1.36\mathrm{e}^{-5}$	$J_r/(\mathrm{kg \cdot m^2})$	$5.71\mathrm{e}^{-5}$
$k_M/[\mathrm{N \cdot m}/(\mathrm{rad/s})^2]$	$2.69\mathrm{e}^{-7}$	$C_w/(\mathrm{N \cdot m}/(\mathrm{m/s})^2)$	0.221

　　图 7-8、图 7-9 为依据风场模型和四旋翼运动方程构建的四旋翼和风场仿真模型。

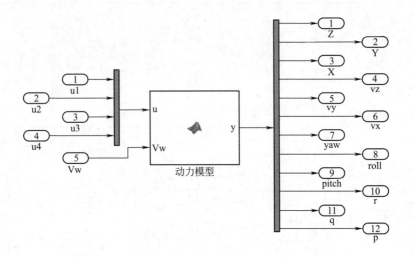

图 7-8　系统动力模型

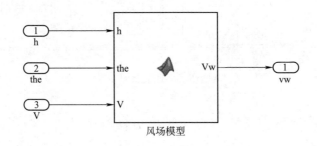

图 7-9　风场模型

7.4.1　定点悬停

设四旋翼起始位置 $X=[0,0,0]^T$，姿态角 $\theta=[0,0,0]^T$，期望位置 $X=[5,5,10]^T$，期望角度 $\theta=[0,0,1]^T$。采用不同控制方法对有风场干扰四旋翼系统进行控制，仿真结果如图 7-10。风场扰动在三种控制算法 2s 的调节时间内对系统输出没有明显影响。当系统达期望值后，风场扰动使系统输出响应发生变化。单纯使用 PID 控制算法时，风场扰动使系

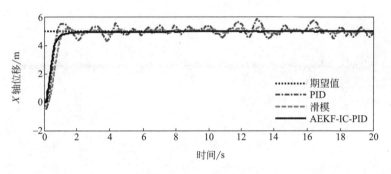

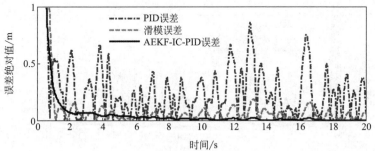

(a) X轴位移与误差

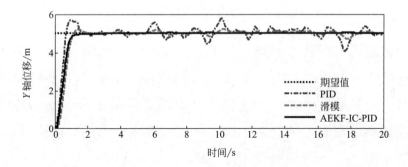

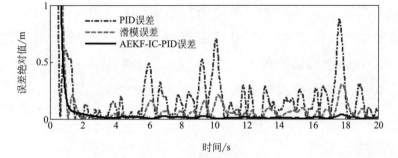

(b) Y轴位移与误差

图 7-10

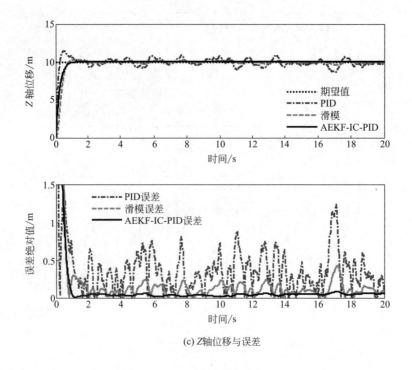

(c) Z轴位移与误差

图 7-10 位置输出曲线与误差曲线

统在期望值附近出现较大波动，其中 X 轴位移产生最大误差约为 0.85m，Y 轴位移产生最大误差约为 0.90m，Z 轴位移产生最大误差约为 1.35m；使用滑模控制算法，虽然使系统鲁棒性增强，但由于风场扰动持续存在，使滑模控制难以克服这种复杂干扰，导致系统输出仍然在期望值附近产生波动，其中 X 轴位移产生最大误差约为 0.2m，Y 轴位移产生最大误差约为 0.30m，Z 轴位移产生最大误差约为 0.40m；采用 AEKF-IC-PID，控制器根据测得风扰信息对控制量相应调整，保证了系统输出更接近理想值，其中将 X 轴位移最大误差降至约为 0.15m，将 Y 轴位移最大误差降至约为 0.10m，将 Z 轴位移最大误差降至约为 0.15m。

7.4.2 轨迹跟踪应用

将滑模控制与本文控制算法进行轨迹跟踪对比实验。设 X 轴位移变化曲线为 $x=\sin(0.6293t)$，Y 轴位移变化曲线为 $y=\cos(0.6283t)$，Z 轴保持 10m 高度，偏航角为周期 20s，占空比 50％的方波信号。

　　由图 7-11，给定期望后两种控制算法均可保证系统输出对期望轨迹

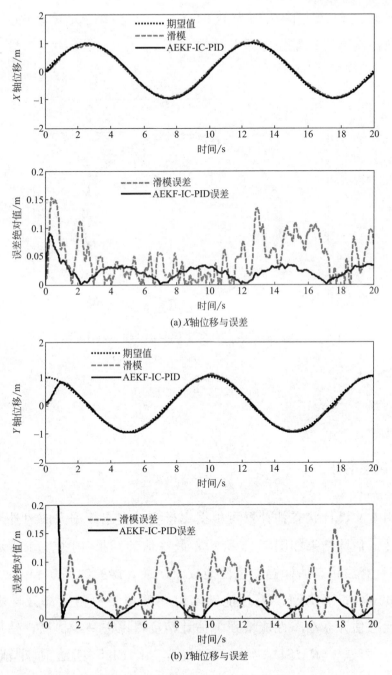

(a) X轴位移与误差

(b) Y轴位移与误差

图 7-11　位移响应曲线与误差曲线

的跟踪，但由于持续风场干扰，使两种控制算法的控制效果受到不同程度影响。采用滑模算法，控制效果受风场干扰影响较大，X 轴位移产生最大误差约为 0.15m，Y 轴位移最大误差约为 0.16m；使用 AEKF-IC-PID 算法，X 轴位移最大误差约为 0.04m，Y 轴位移最大误差约为 0.04m。两种不同控制算法二维轨迹跟踪效果如图 7-12。

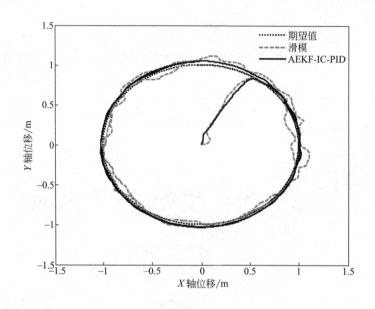

图 7-12 二维轨迹平面图

7.4.3 风速估计

采用本文设计状态估计器可根据飞行实时姿态数据完成对外界风场扰动力估计。估计结果如图 7-13 所示。最终估计结果如图 7-14 所示。由于传统 EKF 算法状态估计器动态性能较差，最大误差约为 0.9m/s，$RMSE$ 为 0.4302m/s；而 AEKF 算法能够实时调整预测和测量部分噪声统计特性，使状态估计器动态性能增强，估计精度得以进一步提高，估计误差最大约为 0.7m/s，$RMSE$ 为 0.3081m/s，比 EKF 算法估计精度提高了 28.4%。

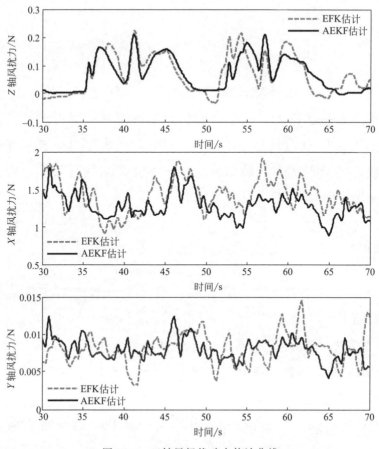

图 7-13　三轴风场扰动力估计曲线

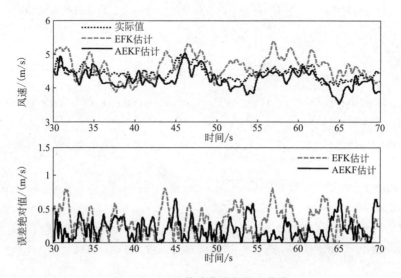

图 7-14　风速估计曲线与误差曲线

7.4.4　小结

本节研究室外风场环境四旋翼控制应用的问题。采用 PID 算法设计飞行器位置与姿态控制器，根据风扰信息实现对风扰力有效补偿。通过风场模型产生风速信息对风速模拟，与 AEKF 算法结合，并与 PID 控制、滑模控制进行实验对比，实验结果验证了本文算法的有效性，为实际旋翼飞行器控制器设计控制提供设计依据。

思考题

1. 风场模型主要研究哪几种风场？旋翼飞行器风干扰研究中常用风场模型是什么？

2. 四旋翼飞行器系统建模涉及几种坐标系？坐标系间如何转换？

3. 风场环境四旋翼系统数学模型分别涉及的力、力矩、导航与运动方程组分别由哪些式子构成？

4. 设想定点悬停与轨迹跟踪在林草火险预警中的应用实例，并指出定点悬停在四旋翼系统模型中位置与姿态值如何设定。

5. 什么是 EKF？EKF 的状态方程与测量方程是如何构成的？

参考文献

[1] 屈耀红，凌琼，闫建国，等 . 无人机 DR/GPS/RP 导航中风场估计仿真 [J]. 系统仿真学报，2009，21 (7)：1822-1825.

[2] 张婧，陈澜，李晓曦，等 . 针对大气紊流改进的飞控系统设计及仿真研究 [J]. 计算机测量与控制，2011，19 (4)：860-862.

[3] Waslander S L，Wang C. Wind Disturbance Estimation and Rejection for Quadrotor Position Control [C]. AIAA Infotech@Aerospace Conference and AIAA Unmanned. Unlimited Conference，2009.

[4] 雷旭升，陶冶 . 小型无人飞行器风场扰动自适应控制方法 [J]. 航空学报，2010，31 (6)：1171-1176.

[5] 李一波，刘婉竹，宋崎，等 . 风场环境下主动建模无人直升机改进 LQG 控制 [J]. 飞行力学，2012，30 (4)：318-322.

[6] 何勇灵，陈彦民，周岷峰 . 四旋翼飞行器在风场扰动下的建模与控制 [J]. 中国惯性技术学报，2013，21

（5）：624-630.

［7］ Schiano F，Mora J A，Rudin K，et al. Towards Estimation and Correction of Wind Effects on a Quadrotor UAV［C］. IMAV 2014.

［8］ Wang C，Song B，Huang P，et al. Trajectory Tracking Control for Quadrotor Robot Subject to Payload Variation and Wind Gust Disturbance［J］. Journal of Intelligent & Robotic Systems，2016，83（2）：315-333.

［9］ Lyu X，Gu H，Wang Y，et al. Design and implementation of a quadrotor tail-sitter VTOL UAV［C］. IEEE International Conference on Robotics and Automation（ICRA），2017：3924-3930.

［10］ Yuying G，Bin J. A Novel Robust Attitude Control for Quadrotor Aircraft Subject to Actuator Faults and Wind Gusts［J］. IEEE/CAA Journal of Automatica Sinica，2018，v. 5（01）：295-303.

［11］ 汪绍华，杨莹. 基于卡尔曼滤波的四旋翼飞行器姿态估计和控制算法研究［J］. 控制理论与应用，2016，30（09）.

［12］ Abas N，Legowo A，Ibrahim Z，et al. Modeling and System Identification using Extended Kalman Filter for a Quadrotor System［J］. Applied Mechanics and Materials，2013，313-314，976-981.

［13］ Moyano Cano J. Quadrotor UAV for wind profile characterization［M］. Universidad Carlos III de Madrid，2013.

［14］ 张欣，白越，赵常均，等. 多旋翼姿态解算中的改进自适应扩展 Kalman 算法［J］. 光学精密工程，2014，22（12）：3384-3390.

［15］ Poorman D P. State estimation for autopilot control of small unmanned aerial vehicles in windy conditions［D］. Ph. D. Thesis，Gradworks，2014.

［16］ 张承岫，李铁鹰，王耀力. 基于 MPU6050 和互补滤波的四旋翼飞控系统设计［J］. 传感技术学报，2016，29（7）：1011-1015.

［17］ 李方良，李铁鹰，王耀力. 无人机四旋翼飞行姿态稳定性控制优化［J］. 计算机仿真，2016，33（10）：43-47.

［18］ 李航，王耀力. 四旋翼飞行器中 PID 控制的优化［J］. 电子技术应用，2017，43（2）：73-76.

［19］ 侯玉涵，王耀力. 改进扩展卡尔曼滤波对四旋翼姿态解算的研究［J］. 电子技术应用，2017，43（10）：83-85，93.

［20］ 姜海涛，常青，王耀力. 改进 EKF 的自抗扰飞控系统设计［J］. 电子技术应用，2018，44（4）：18-22.

［21］ 赵元魁，王耀力. 风场环境下四旋翼飞行器抗干扰研究［J］. 机械科学与技术，2019，38（4）：530-537.

第8章 ▶▶ 轮式机器人系统设计与应用

当前林业机器人按应用领域可划分为林业生态建设机器人、林业产业机器人与林业多功能集成机器人三类[1,2]。林草火灾监测预警所涉及机器人属于林业生态建设机器人。由于森林巡检监测机器人所处林业工作环境复杂恶劣，林地地理环境坡度起伏、沟壑纵横，自生林与人工林等不规则分布等限制了机器人活动范围，成为机器人任务连续运行的障碍；加之林区环境无线网络信号覆盖率低，造成任务信息及时传送困难。为此，本章从林内机器人常用形态之一的轮式机器人为研究对象，从运动学建模为起点，重点讨论机身尺度约束下的轮式机器人原型设计方案，即根据林内环境的差异性避障需求，解决不同尺度轮式机器人的设计问题；然后讨论轮式机器人的虚拟仿真与算法验证。

8.1 概述

国外在 20 世纪 70 年代就致力于林业机器人研究。80 年代，日本就研制出不少于 5 种型号自行灭火机器人，该种机器人配置了驱动轮或履带式行驶机构用于爬坡和越障，目前已有多种不同功能消防机器人用于救灾现场。

国内对林业机器人研究起步较晚[1,2]，从 1997 年中国消防装备研究部门开发我国第一台消防灭火机器人开始，消防机器人就按照轮式与履带式两种形态不断演化发展。轮式机器人因结构简单、重量轻、运动惯性小、车身底盘减振性能优良以及零部件易维护与寿命长等特点广泛应用于包括消防在内的众多领域。由于森林地面多为松软土壤，而履带式驱动车体具有与地面接触面积大、不易打滑等特点，也成为林业与森林消防巡检研究的重点关注对象[3]。但由于林内环境复杂、自然条件恶劣易造成部件老化，加之自生林与人工林不规则分布等特点对机器人提出的灵活避障需求，一定程度上限制了履带式机器人应用范围。而轮履复合式机器人[4]则兼具轮式机器人的良好机动性与履带式机器人的强通过性能。

林间步行机器人以其对地形适应能力强、灵活机动性能越来越受到研究者重视[5]。目前步行机器人仍存在步行速度低、效率差等问题，为此，出现了腿轮复合式步行机器人[6]。该复合式机器人综合了两种运动系统，即腿式和轮式机器人优点，具有良好通过性。在低能耗的同时，还可获得理想步行速度与工作效率。这种复合式步行机器人在林业等领域有很好的应用前景。

为研究轮式机器人林草环境适应能力，即在狭窄林间与松软林地行走以完成预定任务的性能，苏永涛等[7]以东北林业大学帽儿山实验林场为试验地，分析林区土壤力学特性，并依据机器人车轮与林区土壤相互作用力建立轮胎/林区土壤力学模型。研究结果表明在一定结构与受力情况下，轮胎不会陷入林区土壤中，为提高轮式机器人在林区地面行走性能做了理论准备。

本章将以轮式机器人为例，重点讨论轮式机器人原型设计方案，以及运动学建模与仿真。

8.2 产品原型设计

为适应轮式机器人在狭窄环境移动，本文以一款类拖车平台的轮式机器人为例，研究机身尺度约束下的轮式机器人原型设计方案。

8.2.1　需求分析

分析用户与系统需求，给出产品设计指标，以及为后续算法部分将功能性需求建模为目标函数，将非功能性需求建模为相应目标函数约束条件提供依据。

8.2.1.1　功能性需求

替代人工进行林区现场日常巡护"任务"，提供高精度定位信息，同时还可以记录可燃物（如林木等植物）的位置、分布类型、生长情况等信息，以及提供地理环境、林内气候环境特征等信息，并将信息实时反馈给后台防火管理指挥中心。

8.2.1.2　非功能性需求

建模为基于"任务"的"约束条件"，如最短距离、最小（林木）通过间隙、避障等。由多机器人协同以及人机协同带来的机器人"习俗"建模，即人机"习俗"导航框架（Man-machine Acceptable Navigation Framework）：如避免进入对方的安全空间，靠右侧行走等"习俗"约束。表 8-1 显示非功能性需求的任务与习俗约束情况。

表 8-1　非功能性需求的任务与习俗约束

约束名称	类型	描述
最短距离	任务	找到距离目的地最短距离
避障	任务	避免与障碍物碰撞的硬性约束
障碍物缓冲空间	任务	保持与障碍物安全距离的软约束
规避人类或其它机器	习俗	避免与人类或其它机器碰撞硬性约束
私人空间	习俗	保持人周围环形空间
机器人空间	习俗	保持机器人周围环形空间
右行	习俗	与行人会面时靠右行走

8.2.2 产品设计指标

8.2.2.1 导航

（1）多源信息融合 视觉传感器、超声波传感器、红外传感器与激光等多源信息融合。

（2）情景感知 预装地图与实时目标信息。

（3）检测对象 移动的人、机与静止物体。

8.2.2.2 安全

具备生物识别存取控制、安全 VPN 连接等。

8.2.2.3 最大载荷，电池寿命与通信技术等相关指标

考虑任务需求的最大载重量、最大移动速度、转弯速度、质心距前轴与后轴距离等，以及与续航里程相关的电池容量，移动机器人与任务管理中心信息传输技术等。

8.2.3 算法研究

以路径规划任务为例，将机器人路径规划与习俗融合，把约束最优化方法用于人机"习俗"导航框架，形成与习俗和任务约定有关的集合，并将其表示为最优化约束条件。

8.2.3.1 距离约束 $C_{distance}$

$$C_{distance}^{(1)} = \sqrt{(S_{goal}.x - S.x)^2 + (S_{goal}.y - S.y)^2}$$

$(S_{goal}.x, S_{goal}.y)$ 为目的地坐标，$(S.x, S.y)$ 为起始位置坐标。

8.2.3.2 避障约束 $C_{\text{obstacle Avoidance}}^{(2)}$

已知环境地图，但也可在机器人移动并检测新的（非人类）障碍时连续更新环境地图。

8.2.3.3 回避人 $C_{\text{safety}}^{(3)}$

在路径规划中，可通过拒绝规划导致机器人路径和人的路径相交来实现。

8.2.3.4 个人空间 $C_{\text{space}}^{(4)}$

如个人空间约束可建模为一个非对称高斯函数 $f(x,y) = e^{-\left(\frac{(x-x_0)^2}{2\sigma_x^2} + \frac{(y-y_0)^2}{2\sigma_y^2}\right)}$。

其中 (x_0, y_0) 为人或机器人所处位置，通过 (σ_x, σ_y) 可调节个人空间范围。

8.2.3.5 右行 $C_{\text{right}}^{(5)}$

与个人空间约束类似，可建模为一个非对称高斯函数。

8.2.3.6 缺省速度 $C_{\text{default}}^{(6)}$

保持一定速度，可减少能量消耗。

8.2.3.7 优化解

最后，可将约束组合为一个单一目标函数 $Goal(S_{\text{goal}}, S_{\text{start}})$ 求最优化解。

$$Goal(S_{\text{goal}}, S_{\text{start}}) = Opti\left[\sum_{i=1}^{6} \omega_i \cdot C_{\text{index}(i)}^{(i)}\right] \tag{8-1}$$

其中，$index(i) \in \{distance, Obstacle\ Avoidance, safety, space, right, default\}$，$\omega_i$ 为权重。

8.2.4 机械与电气设计

8.2.4.1 三维机械建模

机器人三维模型设计是产品设计的基础，它提供机器人运动学和动力学分析所需的各种基本参数。对林区巡检服务机器人而言，车体稳定性、底盘运动灵活性将有助于稳定的信息采集与林间通过性能。为增加巡检服务机器人的多用途性，采用类似货车设计方案，即车头箱体带动后箱体的设计方案。前箱体有各种传感器及驱动部分，后箱体用于载物和供电。前后箱体之间以万向结连接。该轮式机器人在平地行走时有灵活性强、稳定性好、移动速度快、控制简单、消耗能量少等优点。

图 8-1 为轮式机器人机械模型。车头部分装有摄像头与超声波传感器阵列。其中超声波传感器阵列用于障碍物探测以及解决大视距导航中的视觉缺失问题。

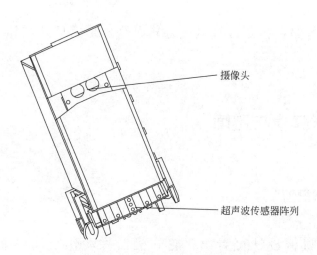

图 8-1 轮式机器人机械模型图

本文使用非全约束特征建模技术，方便在任意设计阶段修改设计模型，并自动更新相关内容。

我们基于已建立轮式机器人装配体属性进行仿真，并根据实际任务需求数据，设置马达、弹簧、阻尼、力等运动元素，使仿真运动环境接近于实际。

同时对已建立运动机构模型进行动力学分析，主要有模型机构干涉分析、零件轨迹跟踪以及对运动时速度、加速度、力矩、作用力与反作用力的分析等。

8.2.4.2　电气设计

（1）驱动电机　根据机器人空载时重量、满载重量、前进最大速度、地面摩擦因子、最大爬坡坡度、轮胎半径、机器人前后轴长等，以及考虑前后轮输入分配比等选择驱动电机与控制器。

（2）电源　根据电机及其它用电设备用电需求、任务执行时间，选择轻便、可充电大容量电源。

（3）信息采集设备　根据任务需求选用多源信息采集传感器。

（4）运动控制电路　由轮式机器人运动学与动力学模型，设计运动控制电路。

（5）其它电路　控制计算机嵌入式电路，是信息处理和机器人最高决策中心。

8.3　运动学建模与避障

8.3.1　运动学模型

从 8.2 节机械设计可看出，轮式机器人动作空间属非完整动作约束，如图 8-2 所示。动作空间决定了车辆驱动方式。考虑到车辆动力学因素，从任何给定状态不是都可到达所有相邻状态。为使动力控制能产生一系列有效可行的控制输入，即采用基于非线性优化算法不断调整控制输入，使损失函数，如 $Goal(S_{goal}, S_{start})$ 最小；而对损失函数的求解，则依赖于车辆运动学模型、动力学模型的输出。为此，本节讨论运动学建模。

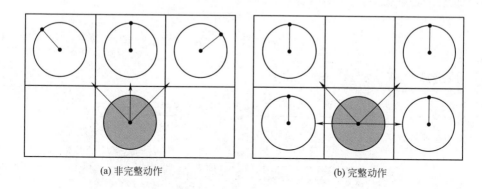

(a) 非完整动作   (b) 完整动作

图 8-2 轮式机器人动作约束

本文所搭建轮式机器人采用车头驱动的两驱小车模型，两个车轮通过一个可旋转底盘连接。根据小车运动特性，假设：

① 不考虑 z 轴方向运动，即车辆只在二维平面运动。

② 车辆运动时，左右两车轮转角一致，可近似为自行车模型。

③ 车辆只通过前轮子控制车辆转动角度。

运动学模型如图 8-3 所示。该模型将左右前轮合并为 A 点，将左右后轮合并为 B 点，点 C 为质心。O 为 OA、OB 交点，为车瞬时滚动中心，线段 OA、OB 分别垂直于两个滚动轮方向，β 为车速度 V 方向角，车辆与 X 轴夹角为 ψ，l_f 和 l_r 为前后轮与质心间距离。

由正弦定理得：

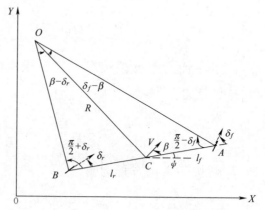

图 8-3 轮式机器人运动学模型（一）

$$\frac{\sin(\delta_f - \beta)}{l_f} = \frac{\sin\left(\frac{\pi}{2} - \delta_f\right)}{R} \tag{8-2}$$

$$\frac{\sin(\beta - \delta_r)}{l_r} = \frac{\sin\left(\frac{\pi}{2} + \delta_r\right)}{R} \tag{8-3}$$

整理式(8-1) 和式(8-2) 得：

$$\frac{\sin\delta_f\cos\beta - \sin\beta\cos\delta_f}{l_f} = \frac{\cos\delta_f}{R} \tag{8-4}$$

$$(\tan\delta_f - \tan\delta_r)\cos\beta = \frac{l_f + l_r}{R} \tag{8-5}$$

式(8-4) 和式(8-5) 联立化简得：

$$(\tan\delta_f - \tan\delta_r)\cos\beta = \frac{l_f + l_r}{R} \tag{8-6}$$

$$\beta = \tan^{-1}\left(\frac{l_f\tan\delta_r + l_r\tan\delta_f}{l_f + l_r}\right) \tag{8-7}$$

由于模型后轮不能左右移动，因此 $\delta_r = 0$，式(8-7) 简化为：

$$\beta = \tan^{-1}\left(\frac{l_r}{l_f + l_r}\tan\delta_f\right) \tag{8-8}$$

由于车辆低速行驶转弯半径变化缓慢，车辆方向变化率近似等于车辆角速度，因此，

$$\psi = \frac{V}{R} \tag{8-9}$$

车辆状态变化方程为：

$$x_{t+1} = x_t + v_t\cos(\psi_t + \beta) \times dt \tag{8-10}$$

$$y_{t+1} = y_t + v_t\sin(\psi_t + \beta) \times dt \tag{8-11}$$

$$\psi_{t+1} = \psi_t + \frac{v_t}{l_r}\sin(\beta) \times dt \tag{8-12}$$

$$v_{t+1} = v_t + a \times dt \tag{8-13}$$

式中，x_t、y_t 为车身纵向和侧向速度，ψ 为偏航角速度，v 为

速度。

　　另外还需考虑有限空间对车辆运动的影响。机器人转弯时转弯半径大小对其通过性能的影响很大。最小转弯半径是指当转向盘转到极限位置，车辆以最低稳定车速转向时，外侧转向轮中心在支承平面上滚过的轨迹圆半径。最小转弯半径如图 8-4 所示。

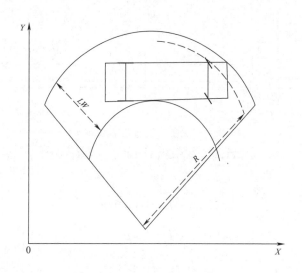

图 8-4　最小转弯半径

LW—路宽；*R*—转弯半径；

$$R = \frac{L}{2\sin\phi} \tag{8-14}$$

$$LW = w + 2R(1 - \cos\phi) \tag{8-15}$$

式中，*LW* 为路宽；*R* 为转弯半径；ϕ 为最大转弯角；*L* 为车长；*w* 为车宽。

　　由于轮式机器人四个轮子速度不与自行车模型速度完全一致，因此需要对四轮速度重新估算建模。估算模型如图 8-5 所示。

　　该虚轮将位于虚拟仿真环境机器人本体坐标系，与机头中心重合，以便后续虚拟仿真环境定位与导航的坐标变换。

$$\tan\psi = \frac{L}{\rho} \tag{8-16}$$

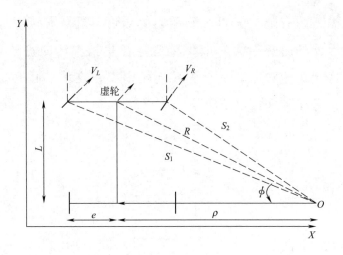

图 8-5　轮式机器人运动学模型（二）

e—$1/2$ 轮距；L—车长；ρ—转弯圆心 O 与后轮轴心距离；ϕ—虚前轮转向角；R—虚轮转弯半径

$$S_1=\sqrt{L^2+(\rho+e)^2} \tag{8-17}$$

$$S_2=\sqrt{L^2+(\rho-e)^2} \tag{8-18}$$

$$R=\sqrt{L^2+\rho^2} \tag{8-19}$$

$$\frac{v_L}{S_1}=\frac{v_v}{R} \tag{8-20}$$

$$\frac{v_R}{S_2}=\frac{v_v}{R} \tag{8-21}$$

本文仅对两个驱动轮速度进行推导，后从动轮可做类似推导。

8.3.2　避障优化

以下以 A^* 算法为例，由于传统避障与路径规划将机器人看作一个质点，以栅格节点最小代价选择路径[8]。但在实际应用中，机器人是有具体尺寸的实物，以质点为主体传统 A^* 算法将不能达到避障效果，须将机器人尺度大小与运动学模型加入运动避障中，才能实现路径规划的实际应用。

8.3.2.1 邻域节点设置

传统算法规划对角栅格路径穿过顶点，如图 8-6 所示，实体机器人运动范围可能会越界到周围相邻栅格而发生碰撞。本文将 A* 算法扩展节点分为两种优先级，采用不同节点选取原则实现避障。如图 8-7，设节点 5 为当前节点，并定义八个方向子节点。

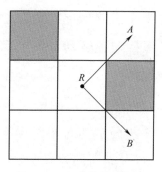

图 8-6 A* 节点搜索方向

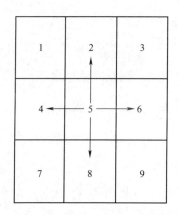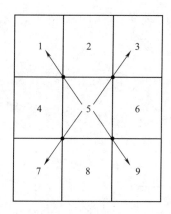

图 8-7 两种优先级扩展节点选取示意图

子节点扩展优先级定义如下。

优先级 1：当前节点栅格与子节点栅格有一边重合（如栅格 2、4、6、8）。

优先级 2：当前节点栅格与子节点栅格仅有一对角线顶点相接（如栅格 1、3、7、9）。

扩展子节点时，优先考虑优先级 1 的子节点，如果优先级 1 的子节点不满足条件，根据给定规则选取优先级 2 的子节点。

8.3.2.2 节点扩展改进方法

为使 A* 算法规划路径能适应机器人实体运动，提出计算实体机器人与障碍物间最短距离的避障改进方法。

该方法首先分析机器人运动范围。将机器人实体简化为一个质心在对角线交点的矩形，宽度为前轴长 $D=2e$，侧向长度为 L，$D<L$，在可行区保持匀速运动。要求保证机器人运动时质心在水平面上的投影与 A^* 预规划算法节点位置重合。

设 A^* 算法栅格是长为 m 的正方形，$D<m<L$。算法规划路径分为相邻两栅格和对角两栅格两种。

① 当局部路径为相邻两栅格间，路径与栅格边平行，两节点间距离为 m。机器人以质心为原点，沿路径直线向前，行驶距离为 m。此时，机器人实体运动范围在两栅格中，无越界情况发生。

② 当局部路径是对角两栅格间，路径与栅格对角线平行，两节点间距离为 $\sqrt{2}\,m$。机器人最大运动范围为 Ω，局限于对角两栅格及一个相邻栅格中。

当局部路径为对角两栅格间，路径与栅格对角线平行，两节点间距离为 m。机器人做转弯运动，如图 8-8 所示。假设图中机器人沿左下角栅格左转弯行驶到右上角栅格位置。

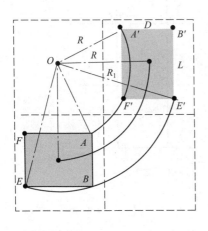

图 8-8　机器人左转弯运动范围

P_j 为机器人质心当前位置节点，P_{j+1} 为下一节点。A、B、E、F 四个点为当前机器人车轮位置，A'、B'、E'、F' 点为机器人下一节点车轮位置。机器人做转弯运动时，运动轨迹可近似为圆弧。实际上，本文轮式机器人转弯半径小于此圆弧半径，此处圆弧算法取估算值上限。机器人当前前进方向与线段 P_jP_{j+1} 的夹角为 $45°$，则该圆弧圆心为左上角栅格中心 O，圆弧弧度为 $90°$，$R=m$。在机器人向左转弯过程中，以左前轮和右后轮运动区域作为避障参考范围。

左前轮运动轨迹为圆弧 $\widehat{AA'}$，半径为 $R_1 = \sqrt{\left(R-\dfrac{D}{2}\right)^2 + \left(\dfrac{L}{2}\right)^2}$。右后

轮运动轨迹为同心圆弧 $\widehat{EE'}$，半径为 $R_2 = \sqrt{\left(R+\dfrac{D}{2}\right)^2 + \left(\dfrac{L}{2}\right)^2}$。弧度均为

90°。机器人在该段路径上的活动区域为环形区域 $AA'EE'$。当 $R_1 > \dfrac{\sqrt{2}}{2}m$

且 $R_2 < \dfrac{3}{2}m$ 时，可保证机器人左转弯运动范围局限于三个栅格中。

因此，A^* 算法栅格大小需满足条件：

$$\begin{cases} D<m<L \\[2mm] \sqrt{\left(m-\dfrac{D}{2}\right)^2 + \left(\dfrac{L}{2}\right)^2} > \dfrac{\sqrt{2}}{2}m \\[2mm] \sqrt{\left(m+\dfrac{D}{2}\right)^2 + \left(\dfrac{L}{2}\right)^2} < \dfrac{3}{2}m \end{cases} \tag{8-22}$$

综上所述，在选取合适栅格条件下，当且仅当对角线方向左右均为障碍物栅格时，子节点选取受限。扩展基于表 8-2 中的原则。

表 8-2　二级子节点扩展路线禁选原则

障碍物栅格	二级扩展禁选路线
2、4	5→1
2、6	5→3
4、8	5→7
6、8	5→9

如图 8-9 所示，当前节点为 5，如编号为 2、4 栅格均为障碍物，则 5→1 路线不可选。但当仅有一个障碍物栅格，假设是 2 时，5→1 路线可取。机器人在该节点处做转弯。该方法较为精确地计算机器人转弯时的最大运动范围，规划路径节点少，接近于 A^* 算法规划的最短路径。

8.3.2.3　实例分析

设定机器人简化的平面矩形尺寸为：长边为 $L = 1200\text{mm}$，宽边为

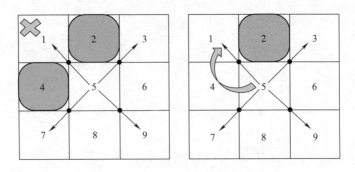

图 8-9　二级子节点扩展路线禁选原则

$D=500\text{mm}$。参照式（8-22），取栅格边长 $m=1030\text{mm}$。将地图信息栅格化为 E_{n*n} 矩阵，$n=36$。三种算法规划路径如图 8-10。

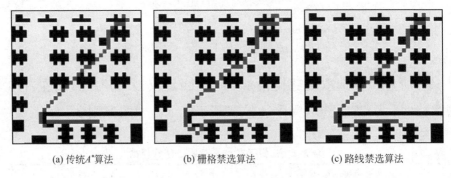

(a) 传统 A^* 算法　　　(b) 栅格禁选算法　　　(c) 路线禁选算法

图 8-10　三种避障方法对比

将 A^* 算法中水平或者垂直移动一个栅格的代价定义为 1，对角线方向移动一格的代价定义为 1.4，计算两种算法代价值。

（1）水平或垂直移动时，机器人质心距栅格最小距离 $l=\dfrac{m-D}{2}=265\text{mm}$，$D=50\text{mm}$，则机器人边缘距栅格最小距离 l_1 为 15mm。危险度 ψ_1 为 10/15。

（2）对角线方向移动时，机器人质心距栅格顶点距离最小，为 $\sqrt{2}\,l\approx375\text{mm}$，此时机器人边缘距栅格最小距离 l_2 为 125mm，ψ_2 为 10/125。

（3）当质心最小距离大于 $\sqrt{2}\,l$ 时，不会发生碰撞，危险度计为 0。

改变起点与目标点位置，连续做 5 次规划，规划路径均能成功避障。表 8-3 为三种算法在 5 次实验中数据平均值的比较。由于本次优化未设置必要节点信息，统计路径沿水平或者垂直方向移动格数、沿对角线移动格数、路径总代价及与最近障碍物之间平均距离作比较。

表 8-3　三种算法对比

项目	直行格数	对角线格数	危险度为 ϕ_1 格数	危险度为 ϕ_2 格数	路径代价	危险度
传统 A* 算法	22.3	24.2	30.2	8.7	56.2	20.8
栅格禁选算法	33.1	21.6	23.4	20.3	63.3	17.2
路线禁选算法	21.5	26.8	29.0	7.1	59.0	19.9

图 8-10（a）为传统 A* 算法规划出的路径较短，但有时无法满足实体机器人行驶。(a) 图中有一处路线直接"穿过"两对角障碍物，这是不允许的。从表 8-3 可看出该算法路径节点最少，路径代价最小，拐点最少，但危险度最高。

图 8-10（b）为栅格禁选改进后算法规划出的路径，对比可知，应用算法 1 改进后路径节点和路径代价明显增加，但危险度最低，为传统 A* 算法的 83%。

图 8-10（c）为路线禁选改进后算法规划出的路径，对比可知，由机器人实际尺寸计算栅格方法规划出路径节点数和路径代价比传统算法稍高，但危险度有所下降，且避开传统算法中"穿过"对角线障碍物，能够合理避障。

8.4　虚拟仿真

8.4.1　模型转换

将 8.2.4 建立的三维机械模型导出为 URDF（Unified Robot Description Format，URDF）文件格式，然后在机器人三维仿真软件 Gazebo 中做仿真处理。

　　URDF（Unified Robot Description Format，URDF）是一种描述机器人及其结构、关节、自由度等的 XML 格式文件。URDF 描述文件形式如图 8-11。

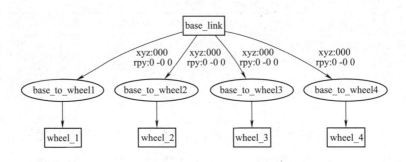

图 8-11　机器人 URDF 描述图

　　本文轮式机器人包括五个部分，base_link 表示以机器人本体中心为原点坐标系，通过该坐标系与其他传感器数据进行坐标变换，即通过TF树进行不同坐标系数据坐标变换。而 wheel_1 等四个轮子表示 base_link 四个相应子坐标，机器人坐标 base_link 与 odom 通过 TF 树坐标变换可以获得四个轮子速度。

8.4.2　三维可视化仿真

　　将机器人描述文件 URDF 加载至机器人操作系统 ROS，并在 RVIZ 可视化窗口显示其结果。如图 8-12 所示，在 RVIZ 中显示灰色车身小车为 URDF 所描述的轮式机器人模型。小车参数依据轮式机器人设计参数进行描述，其中包括相应惯性系数。

　　将构建静态地图通过 RVIZ 加载用于机器人导航定位与避障。如图 8-13，通过 ROS 加载局部静态地图，导入机器人模型，并配置 RVIZ 全局代价地图。机器人位于地图右上角，而地图中所有障碍物被一些较粗线条包裹。

图 8-12　RVIZ 显示 URDF 描述轮式机器人模型

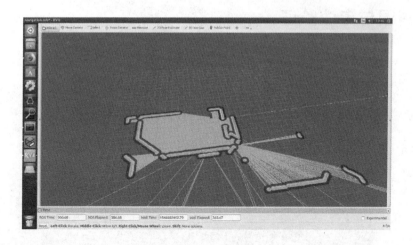

图 8-13　RVIZ 加载静态地图

　　全局代价地图可用于机器人全局导航，而对于局部代价地图则用于局部避障。如图 8-14 所示局部代价地图，图中中间红色部分为障碍物所在。图中蓝色区域表示障碍物膨胀区域，用于其它未改进的导航算法。运用 8.3.2 节避障算法，可以看出机器人 base＿link 并未触及红色障碍物，且机器人的边缘也未触及，有助于缩短路径长度，以降低能耗。

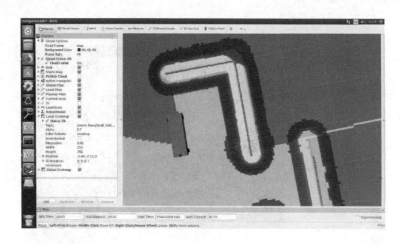

图 8-14　避障用局部代价地图

8.5　建图与定位验证

图 8-15 为作者实验室环境，机器人在实验室内环形过道行走，通过实时定位与避障，验证验证网格地图与导航算法的有效性。

图 8-15　实验室环境

8.5.1 在线建图与避障

机器人网格地图在线构建与避障实验。利用 ROS 节点，通过主题、服务或参数服务器与其他进程进行通信的特性，通过 ROS 控制节点控制机器人围绕实验室中间办公通道在线构建网格地图，如图 8-16 所示轮式机器人运行场景。

图 8-16　轮式机器人在线建图与定位

图 8-17 为利用关键帧点云形成的网格地图[9~11]，白色区域为无障碍物通道。

图 8-17　实验室网格地图

8.5.2 定位

构建完成环境地图后，用改进蒙特卡罗算法定位，定位示意图如图 8-18。图中深色粒子区域表示机器人所在位置。

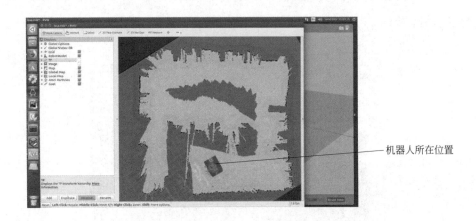

机器人所在位置

图 8-18　机器人室内定位

8.5.3 小结

本节利用三维机器人仿真环境 Gazebo 结合 ROS 节点技术，将虚拟现实与机器人实体运行环境结合。首先在未搭建实验设备及特定实验环境之前进行算法测试和模型检验，避免因算法、设计等问题带来不必要经济损失；然后利用轮式机器人平台进行真实环境实验，并将实时实验数据与 Gazebo 仿真环境同步，完成机器性能在线测试。

思考题

1. 简述林区现场日常巡护机器人系统的功能性需求。

2. 轮履复合与轮腿复合机器人利用轮式机器人的什么性能？

3. 将机器人形体视为质点的传统避障算法为什么不能用于实体机器人避障？如果将机器人形体视为质点，则传统避障算法需要做哪些工作？

4. URDF 是什么文件格式？有哪些仿真软件支持 URDF 格式文件输出？

5. 文中避障所用网格地图的网格尺寸如何确定？它与什么因素有关？

6. 简述轮式机器人运动学方程的作用。

参考文献

[1] 刘延鹤，傅万四，张彬，等. 林业机器人发展现状与未来趋势 [J]. 世界林业研究，2020，33（1）：38-43.

[2] 姜树海. 林业机器人的发展现状 [J]. 东北林业大学学报，2009，37（12）：96-97.

[3] 刘广，闫磊，钱桦，等. 林地环境监测机器人底盘结构与控制系统设计 [J]. 广东农业科学，2011，（17）：147-148，160.

[4] 孙鹏，陆怀民，郭秀丽. 一种轮履复合式森林巡防机器人 [J]. 森林工程，2010，26（1）：29-32.

[5] 王慧，任长青，马岩，等. 我国林间步行机器人的实际应用前景 [J]. 机电产品开发与创新，2010，23（3）：5-7.

[6] 张程煜，郭盛，赵福群. 新型轮腿复合机器人的运动分析及步态研究 [J]. 机械工程学报，2019，55（15）：145-153.

[7] 苏永涛，刘滨凡，王伟. 林业机器人车轮与土壤相互作用力学性能仿真 [J]. 东北林业大学学报，2017，45（12）：72-75，82.

[8] 李凌雁，常青，王耀力. 室内机器人服务目标避障路径优化仿真 [J]. 计算机仿真，2018，35（1）：301-305，336.

[9] 陆建伟，王耀力. 基于 ORB-SLAM2 的实时网格地图构建 [J]. 计算机应用研究，2019，36（10）：3124-3127，3131.

[10] 刘安睿劼，王耀力. 基于轮式机器人的实时 3D 栅格地图构建 [J]. 计算机工程与应用，2019-06-28，http：//kns. cnki. net/kcms/detail/11. 2127. TP. 20190627. 1738. 011. html.

[11] 王飞，王耀力. 基于 ORB-SLAM2 的三维占据网格地图的实时构建 [J]. 科学技术与工程，2020，20（1）：239-245.

第9章 ▶▶

基于云计算监测预警系统形式化验证

林草火灾监测预警系统属于信息系统（IS，Information System）的一种。从概念建模的角度，信息系统可定义为：一种人工设计的系统，该系统采集（即感知）、处理（即认知）以及分发（即执行）有关领域的状态信息[1,2]，是信息、自动化、计算机科学的交叉融通的产物[3]。其中，感知、认知、执行三要素是现代信息系统的核心内容。因此，从现代信息系统的视角看，领域状态信息往往存储于云端构成所谓云存储系统，也就是说云计算[4~8]是一种支持共享的网络交付信息服务的模式。这种云计算信息服务模式具备资源虚拟化和计算并行化的特点，所构成的信息系统业务与系统流程复杂，具有并发性强的固有特征，使得实际构成的系统软件代码量骤增，测试用例常常无法遍历整个流程，造成系统故障甚至系统失效。

本章通过讨论基于云计算的信息系统抽象模型及其架构，建立基于可计算架构的问题求解模型（Problem Resolving Model，PRM），将 PRM 作为元模型，即在问题求解模型的基础上，将基于云计算的林草火灾监测预警系统架构模型 CBMEWS4FGF（Component Based Monitoring and Early Warning System for Forest and Grassland Fire）构造成符合并行处理和资源虚拟化的云计算本质特征的模型，并实现 CBMEWS4FGF 模型构件化，形成可实现形式化验证的基础模型。

9.1 云计算系统与可计算架构

云计算、云架构到目前为止还未有一致认可的定义，所有描述均是以系统外部特性或特征给出。因此，建立反映云计算本质特征的系统基础模型，是本章建立基于云架构林草火灾监测预警系统研究的出发点。

9.1.1 云计算特征

云计算是一种支持共享的网络交付信息服务的模式，云服务的使用者看到的只有服务本身，而不用关心相关基础设施的具体实现。云计算的两个本质特征是资源虚拟化和计算并行化。资源虚拟化是对计算资源和存储资源的逻辑表示，它不受物理限制的约束。本文提出采用云计算架构的信息系统[9~13]，以支持 CBMEWS4FGF 对虚拟资源的并行处理。

9.1.2 可计算架构三元组

本文构建基于云架构信息系统。先以通用 CPU 为例抽象出问题求解模型 PRM 的可计算模型；然后利用面向服务的架构（Service Oriented Architecture，SOA）概念通过构件引入资源虚拟化，使 PRM 模型支持并行处理形成云计算架构；最后基于 PRM 模型建立本文云计算架构。

从通用计算机系统关键组成要素角度看，计算过程可表述为三元组：

$$可计算架构＝（问题，程序，指令） \tag{9-1}$$

三元组分别对应于算法、软件和硬件三个相关领域。可计算建模解决如何将"问题"分解为算法步骤，其它两个方面分别由软件方法学领域和计算机体系结构领域研究。

本文对通用计算机可计算架构各组成要素作进一步分析抽象。将问题和算法抽象为需求层、语言和程序抽象为语义层；数据结构和操作抽象为服务层。由此，得到可计算架构新三元组：

$$可计算架构＝（需求，语义，服务） \tag{9-2}$$

9.1.3　问题求解模型

9.1.3.1　术语

组织（Organization）：一个组织由多个相互关联的实体（人或系统）组成。

环境（Environment）：对组织中的一个实体而言，组织的其它部分称为环境。

实体行为（Behavior）：实体对环境的影响或作用称为实体行为。

结果（Result）：实体行为使环境发生的改变称为结果。

价值（Value）：结果的集合构成了组织可以实现的价值。

步骤（Step）：实体行为可以分解为一系列步骤。

操作（Operation）：操作是实体行为的一个独立步骤。

本文涉及的其它术语概念与内涵采用系统模型语言 SYSML 术语集[14]。

9.1.3.2　问题求解模型

定义 9-1：问题求解模型是这样一个组织，它定义为由需求 R（*Requirement*）、语义 Sm（Semantics）和服务 Sv（Serve）构成的三元组，即

$$Problem\ Resolving\ Model＝PRM(R,Sm,Sv) \tag{9-3}$$

（1）需求 R　需求 R 定义了一个组织的全部功能，一个 *PRM* 的需求层由问题 Pb（Problem）和算法 A（Algorithm）组成，即

$$Requirement＝R(Pb,A) \tag{9-4}$$

概念建模将问题分解为用例集合、算法（用例场景）形式化为语义流

程（程序）。

（2）服务 Sv　服务 Sv 是系统为响应需求实现的行为或操作的组合，数据结构 DS（$Data\ Structure$）和原子操作 AO（$Atom\ Operation$）决定了一个问题求解系统的实现特征。

$$Serve = Sv(DS,AO) \tag{9-5}$$

定义 9-2：一个具有完备性和独立性的操作集合，称为原子操作集合，原子操作集合的元素称为原子操作。

（3）语义 Sm　语义 Sm 由两部分组成：针对具体问题，以原子操作集合为语法元素的应用层语言（Language Level-7，$LL7$）；以及 PRM 的操作流程（Process，Pr），是用 $LL7$ 形式化描述的解决方案。

$$Semantics = Sm(LL7,Pr) \tag{9-6}$$

9.1.4　云信息系统模型

本文构造 CBMEWS4FGF 的"需求＋语义＋服务"三层如图 9-1。在语义层，PRM 流程用 $LL7$ 来描述。

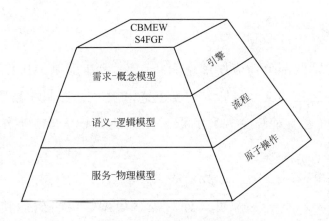

图 9-1　云信息系统三层架构

以 PRM 为元模型（Meta Model），构造 CBMEWS4FGF 云架构模型。

9.1.4.1 需求层

需求可进一步划分为业务需求 R_b 和系统需求 R_s。

PRM 全部功能通过业务需求定义。一个 CBMEWS4FGF 需求层由问题 Rb 和算法 A 组成，即式(9-7) 和式(9-8)。

$$Business\ Requirement = R_b(Pb_b, A_b) \tag{9-7}$$

$$System\ Requirement = R_s(Pb_s, A_s) \tag{9-8}$$

式中，下标 b 对应于业务，s 对应于系统。

9.1.4.2 服务层

PRM 原子操作 AO 集合具有完备性和独立性。AO 在业务需求分析中被称为拥有 m 个元素的有穷集 AB 的元素 $AB_k | k \in [1, m]$，在系统需求分析中被称为拥有 s 个元素有穷集 AS 的元素 $AS_k | k \in [1, s]$。

原子操作集合是 PRM 的指令系统。数据结构 DS 和原子操作 AO 决定了一个 PRM 系统的服务特征，下标用法同上，即：

$$Business\ Serve = Sv_b(DS_b, AB_k) \tag{9-9}$$

9.1.4.3 语义层

语义层包括两部分：应用层语言 $LL7$，它基于原子操作 AO（指令）定义针对具体问题的交互语言，包括概念和关系、控制和数据等；以及建立在 $LL7$ 语言之上对解决方案的形式化描述，是 PRM 工作流程或操作流程 Pr。即：

$$Business\ Semantics = Sm_b(LL7, Pr_b) \tag{9-10}$$

CBMEWS4FGF 模型又可以分为概念模型、逻辑模型和物理模型三个层次，分别与需求层、语义层和服务层相对应。概念模型描述 CBMEWS4FGF 可以解决什么问题以及解决问题所采用的算法；物理模型是 CBMEWS4FGF 可以执行的动作或操作；逻辑模型是概念模型与物理模型之间的映射关系。

9.1.5　从原子操作到原子构件

构件（Component）分为软件构件（Software Component）与硬件构件（Hardware Component）。从设计角度讨论，软件构件与硬件构件在概念上是等价的，不加以区分。

构件应拥有如下三方面能力：①在设计阶段是一种可用于组合或合成的独立运行单元；②在系统实现阶段可重用；③在部署阶段可独立部署。

由原子操作定义 9-2，原子操作 AO 符合构件基本特征。为此本文给出原子构件定义。

定义 9-3：原子构件 AC（Atomic Component）集合是一个具有完备性与独立性构件集合，称之为原子构件集合 AC。

为此，可计算架构抽象模型 PRM 原子构件实现模型可表示为：

$$PRM(R,Sm,Sv)=PRM(E,Pr,AC) \tag{9-11}$$

式（9-11）左边是 PRM 抽象模型，右边是具体实现。它们之间的关系是：PRM 的需求 R 是引擎 E 的输入。

PRM 原子构件实现模型意义是：

（1）虚拟化　PRM 从通用计算机资源中抽象出 AO，进而实现为 AC；AC 将可实现计算资源进行封装，使其成为逻辑资源，该资源对使用者隐藏了实现细节。由于 AC 的完备性，AC 可实现系统在真实环境中的全部功能。

（2）并行处理　由于 AC 虚拟性要求，对逻辑资源 AC 的访问，PRM 采用消息（Message）＋AC 接口（Interface）的机制；这样的访问机制使计算并行处理成为可能。

9.1.6　*LL7*

PRM 的应用层语言 $LL7$ 可以划分为"问题无关（PbI，*Problem In-*

dependent）"和"特定问题（*PbS*，*Problem Specific*）"两个部分

$$Language\ Level\ 7 = LL7(PbI, PbS)\qquad(9\text{-}12)$$

LL7 的问题无关部分 *PbI* 独立于任何应用，主要包括字符集、数据、关键字、基本运算、概念之间的关系运算、表达式、语句（分支、跳转、条件、循环……）等基本控制要素。*LL7* 的 *PbI* 与流程引擎是一个事物的两个方面，相关的原子操作或构件主要实现流程引擎的控制。

PbS 是 *LL7* 特定问题部分，包括原子业务以及原子操作（原子构件）集合、概念和概念之间的关系等。针对具体问题抽象出概念，将概念分解为操作或运算的流程，对其形式化后即可从需求分析中提取出 *PbS*。*PbS* 与 *PbI* 构成 *LL7* 语言，用来书写相应的流程。

9.2 监测预警系统体系架构

9.2.1 CBMEWS4FGF 总体框架

图 9-2 为 CBMEWS4FGF 总体框架与自主机器人架构对应关系，该

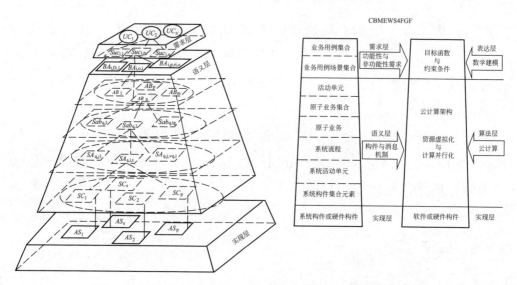

图 9-2 CBMEWS4FGF 总体框架与自主机器人架构对应关系图

框架用于完成基于云架构监测预警系统业务与系统建模。该架构与自主机器人云架构是同构的。

本文将监测预警信息系统业务与系统架构对应划分为业务需求层、语义层和基于服务层构件的系统实现层，称之为 CBMEWS4FGF 系统框架。表 9-1 显示 CBMEWS4FGF 业务系统架构。

表 9-1　CBMEWS4FGF 业务系统架构

业务	业务用例	需求层	业务用例集合 $UC=\{UC_i\,|\,i=1,\cdots,n\}$
	业务用例场景		业务用例场景集合 $Suc_i=\{Suc_{i,p}\,|\,p=1,\cdots,n_i\}$
	业务流程步骤		活动单元 $BA_{i,p,j}\,|\,j=1,\cdots,r_{i,p}$
系统		语义层	原子业务集合 $AB=\{AB_q\,|\,q\in[1,m]\}$
	系统用例		原子业务 $AB_q\,|\,q\in[1,m]$
	系统用例场景		系统流程 $Sab_{q,l}\,|\,l\in[1,t_q],q\in[1,m]$
	系统流程步骤		系统活动单元 $SA_{q,l,t}\,|\,l\in[1,t_q],q\in[1,m],t\in[1,v_{q,l}]$
			系统构件集合元素 $SC_k\,|\,k\in[1,s]$
系统实现		实现层	系统构件或硬件构件 $AS_k\,|\,k\in[1,s]$ 或者 $AS_q\,|\,q\in[1,s]$

9.2.1.1　业务需求层

包括业务用例集合 $UC=\{UC_i\,|\,i=1,\cdots,n\}$ 与该业务用例 UC_i 的业务用例场景集合 $Suc_i=\{Suc_{i,p}\,|\,p=1,\cdots,n_i\}$。

9.2.1.2　语义层

语义层接收来自于业务用例场景 $Suc_{i,p}$ 作为语义层输入，将 $Suc_{i,p}$ 分解为相应活动单元 $BA_{i,p,j}$（或称为业务流程步骤）。

引入映射 $Glue_{name}(\{X_i\,|\,i\in D\})：\{X_i\}\to name$，表示将集合 $\{X_i\,|\,i\in D\}$ 映射到 $Glue$ 下标 name 命名域中，其中，D 表示变量 i 的取值范围；则

$$Suc_{i,p}=Glue_{Suc_{i,p}}(\{BA_{i,p,j}\,|\,j=1,\cdots,r_{i,p}\})$$

从业务过程步骤 $BA_{i,p,j}$ 到系统用例的映射，即系统用例提取通常

是靠经验及先验知识，人工进行分拆、合并等操作，从中提取系统用例。也就是说，从 $BA_{i,p,j}$ 到系统用例映射缺乏明确规则供机器自动推导，见表9-3阴影部分行。为此，本文引入原子业务集合 $AB = \{AB_k \mid k \in [1,m]\}$。

如果一个原子操作集合元素由业务组成，称其为原子业务集合。原子业务 $AB_k \mid k \in [1,m]$ 为业务领域中业务活动最小单元［也称为业务动作（business action）］。业务流程步骤 $BA_{i,p,j}$ 可由原子业务集合中元素映射而成，例如 $BA_{i,p,j} = Glue_{BA_{i,p,j}}(\{AB_1, AB_q\})$，这样所有业务流程即业务用例场景均可最终由对在业务领域中定义的原子业务操作与调用完成。因此原子业务集合是完成业务流程的最小集合。从这个意义上讲，系统实现只需对原子业务集合当中元素系统化。因此，本文对可系统化原子业务 $AB_q \mid q \in [1,m]$ 对应的系统用例场景 $Sab_{q,l} \mid l \in [1,t_q]$ 进行系统流程分解，$AB_q = \{Sab_{q,l} \mid l = 1, \cdots, t_q\}$，$Sab_{q,l} = Glue_{Sab_{q,l}}(\{SA_{q,l,t} \mid t = 1, \cdots, v_{q,l}\})$ 其中 $SA_{q,l,t} \mid t \in [1,v_{q,l}]$ 是系统活动单元。

每个系统活动单元又可由系统构件集合（系统活动单元最小单位）中的元素 $SC_k \mid k \in [1,s]$ 组合映射而成。因此上述过程可表达如下：

$$Suc_{i,p} \mid p = 1, \cdots, n_i = Glue_{Suc_{i,p}}(\{Glue_{BA_{i,p,j}}(\{AB_k \mid k \in [1,m]\}) \mid j = 1, \cdots, r_{i,p}\}) \mid p = 1, \cdots, n_i \tag{9-13}$$

$$AB_q \mid q \in [1,m] = \{Glue_{Sab_{q,l}}(\{Glue_{SA_{q,l,t}}(\{SC_k \mid k \in [1,s]\}) \mid t = 1, \cdots, v_{q,l}\}) \mid l \in [1,t_q]\} \mid q \in [1,m] \tag{9-14}$$

式（9-13）表示原子业务集合元素 $\{AB_k \mid k \in [1,m]\}$ 和用例场景集合元素 $Suc_{i,p} \mid p = 1, \cdots, n_i$ 之间的映射关系。任何业务需求 $Suc_{i,p}$ 总可由原子业务 AB_k 组合而成。

式（9-14）表示系统构件集合元素 $\{SC_k \mid k \in [1,s]\}$ 和原子业务 $AB_q \mid q \in [1,m]$ 间的映射关系。任何原子业务 AB_q 总可由构件集合元素 SC_k 组合而成。

9.2.1.3 系统实现层

由系统构件 $AS_k \mid k \in [1,s]$ 或硬件构件 $AS_q \mid q \in [1,s]$ 组成。

无论监测预警系统还是轮式和旋翼式机器人应用领域，原子业务是相对稳定的；因此业务需求变化可通过原子业务元素重组来实现。比如用于旋翼式系统的监控设计方案，当 CBMEWS4FGF 系统实现层构件由采集与控制设备驱动 API 构成时，原子业务集合元素则趋向于采用一组通用或固定的虚拟驱动设备接口，以适应如不同嵌入式系统。因此将原子业务作为语义映射的中间结果是合理的。正是由于原子业务对于行业应用稳定性的缘故，由系统构件实现原子业务就能够遵循如本文描述的模式，以解决从 CIM2 到 CIM3、PIM 转换的任意性问题。

CBMEWS4FGF 总体框架显示，从业务需求到系统构件是一个对需求逐步分解的语义映射过程，这些映射可在语义层内完成。当消去式（9-13）、式（9-14）的中间变量 AB_k，业务需求 $Suc_{i,p}$ 可由系统构件 SC_k 组合而成，是用系统构件实现信息系统的基础。

9.2.2　CBMEWS4FGF 架构抽象模型

定义 9-4：连接件 CON（Connector）是这样一种实体，该实体用于规约实体间交互的行为序列（称为控制连接 CL）以及实体间交互的消息交换（简写为 ML）。这种实体间的交互包括原子构件 AC 间的交互、原子构件 AC 与连接件 CON 间的交互以及连接件 CON 间的交互。

定义连接件的目的是实现 $LL7$ 的 PbI。$LL7$ 的 PbI 与流程引擎 E 是一个事物的两个方面，实现 $LL7$ 的 PbI，即实现流程引擎 E。

本文将 9.1.5 节式（9-11）表示可计算架构的抽象模型 PRM 的原子构件实现模型进一步抽象为式（9-15）。

$$PRM(E, Pr, AC) = PRM(Arc, Pr) \tag{9-15}$$

其中式（9-15）右边的 Arc 是 PRM 体系结构模型，是连接件 CON、规范 $Spec$ 和原子构件 AC 三元组：

$$Arc(CON, Spec, AC) \tag{9-16}$$

由式(9-15)知道，体系结构模型 Arc 就是不考虑流程的问题求解机 PRM 模型，即有 $Arc=(E,AC)$。可见 PRM 引擎 E 在体系结构模型中的实现方式是连接件 CON 和规范 $Spec$。体系结构模型 Arc 称为静态 PRM 模型。

9.2.3 体系结构描述语言 LL7

由 PRM 的式(9-6)可知，语义层描述由针对具体问题、以原子构件 AC 集合为语法元素的应用层语言 $LL7$，以及用 $LL7$ 形式化描述的 PRM 的操作流程 Pr 所组成。$LL7$ 的 PbS 部分实现为 AC，而式(9-15)表示引擎 E 实现为连接件 CON 和规范 $Spec$，$Spec$ 表示 AC、CON 的规范。因此，$LL7$ 可作为一种体系结构描述语言描述 CBMEWS4FGF 体系结构。

9.2.3.1 LL7抽象元素

以下根据 CBMEWS4FGF 框架的完整性及抽象特征给出 $LL7$ 定义的抽象元素，即构件、连接件以及架构配置文件。

(1) $LL7$ 构件 CBMEWS4FGF 构件是计算或数据存储单元，它也是计算与状态的场所。在 CBMEWS4FGF 中，它是位于语义层底层的元素。由于业务与系统具备相对性，本文采用上角标区分这种相对性划分，下文同。所以 CBMEWS4FGF 构件集合可以是原子业务集合 $AB^{AC}=\{AB_k^{AC}\mid k=1,\cdots,m\}$，或者是系统构件集合是 $SC^{AC}=\{SC_k^{AC}\mid k=1,\cdots,s\}$。

(2) $LL7$ 连接件 CBMEWS4FGF 连接件被用于对构件间交互、构件与连接件间交互以及连接件间交互建模。在 CBMEWS4FGF 框架中，连接件由三类集合构成：

① 业务集合类

连接件集合包括：

业务用例场景集合 $\{Suc_{i,p}\mid p=1,\cdots,n_i\}$

业务活动单元集合 $\{BA_{i,p,j}\mid i=1,\cdots,n;p=1,\cdots,n_i;j=1,\cdots,r_{i,p}\}$

② 系统集合类

连接件集合包括：

系统流程$\{Sab_{q,l}\,|\,l=1,\cdots,t_q,q=1,\cdots,m\}$

系统活动单元$\{SA_{q,l,t}\,|\,q=1,\cdots,m;l=1,\cdots,t_q;t=1,\cdots,v_{q,l}\}$

③ 业务系统集合类

连接件集合包括：

业务活动单元集合$\{BA_{i,p,j}\,|\,i=1,\cdots,n;p=1,\cdots,n_i;j=1,\cdots,r_{i,p}\}$

原子业务集合$\{AB_k^{CON}\,|\,k=1,\cdots,m\}$

系统活动集合$\{Sab_{q,l}\,|\,q=1,\cdots,m,l=1,\cdots,t_q\}$

系统活动单元$\{SA_{q,l,t}\,|\,q=1,\cdots,m;l=1,\cdots,t_q;t=1,\cdots,v_{q,l}\}$

（3）CBMEWS4FGF 体系结构配置　配置的定义：CBMEWS4FGF 体系结构配置或拓扑就是构件间、连接件间或它们内部连接图。

（4）数据类型　数据类型包括体系结构类型和常规数据类型。体系结构类型用于描述体系结构元素，如构件、连接件等。

*LL*7 定义了 4 种体系结构类型。

① 构件体系结构类型：对应于构件。

② 连接件体系结构类型：对应于连接件。

③ 接口体系结构类型：反映构件或连接件的外部以及交互操作。

④ 配置体系结构类型：反映构件与连接件间与内部的连接关系。

*LL*7 定义常规数据类型主要代表一般意义上的数，如整数、字符串，以及布尔值等。

（5）模式结构　构件体系结构类型包括：① 接口（Interface）；②提供的服务（Service）。

*LL*7 定义的构件的基本结构如图 9-3 所示，其中 Interface 由输入（Input）与输出（Output）接口组

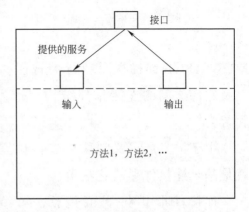

图 9-3　构件结构图

成，表示为 $Interface = \{Input，Out{-}put\}$。接口负责接收与发送消息，方法 1（Method1）、方法 2（Method2）等用于处理这些消息。

$LL7$ 使用构件体系结构类型描述构件，构件仅仅扮演服务提供者角色。

连接件体系结构类型包括：①连接件接口；②复合服务类型。

复合服务类型由提供的服务（Provided Service）、申请的服务（Required Service），以及控制连接（Control Link）组成。

$LL7$ 定义连接件的基本结构如图 9-4 所示。位于连接件图上部接口（Interface）用于提供服务；位于连接件图下部一个以上的接口用于申请服务；控制连接被表示为 $Glue$，其他描述同图 9-3。

$LL7$ 使用连接件体系结构类型描述语义层连接件，这些语义层连接件扮演着服务提供者和服务消费者角色。

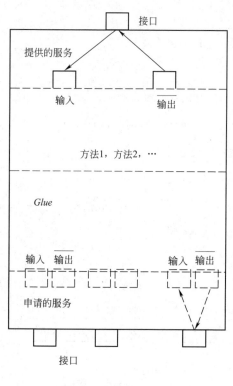

图 9-4　连接件结构图

（6）规范　$LL7$ 能够描述 CBMEWS4FGF 结构视图和行为视图。结构视图反映 CBMEWS4FGF 元素以及它们之间的连接拓扑结构；行为视图反映了 CBMEWS4FGF 的功能和行为。

由于语义层语义映射由连接件完成，所以 $LL7$ 在语义层形式化规范就是基于连接件形式化规范。

连接件形式化规范包括三个部分：①提供的服务 PS（Provided Service）、②申请的服务 RS（Required Service）和③控制连接 CL（Control Link）。

PS 是基于来自其他连接件或构件的 RS，CL 则是连接 RS 的 $Glue_{name}$ 部分。

用 $FS[.]$ 表示形式化规范，则

$$FS\{BA_{i,p,j} \mid j \in [1, r_{i,p}]\} = FS[PS_{BA_{i,p,j}|j\in[1,r_{i,p}]}] \mid \mid FS$$

$$[PS_{\{AB_k|k\in[1,m]\}}] \mid \mid FS[Glue_{BA_{i,p,j}}(\{AB_k|k\in[1,m]\})]$$

$$FS[AB_k|k\in[1,m]] = FS[PS_{AB_k|k\in[1,m]}] \mid \mid FS[PS_{\{Sab_{q,l}|l\in[1,t_q]\}}]$$

$$FS[Sab_{q,l} \mid l \in [1, t_q]] = FS[PS_{Sab_{q,l}|l\in[1,t_q]}] \mid \mid FS$$

$$[PS_{\{SA_{q,l,t}|t=1,\cdots,v_{q,l}\}}] \mid \mid FS[Glue_{Sab_{q,t}}(\{SA_{q,l,t}|t=1,\cdots,v_{q,l}\})]$$

$$FS[SA_{q,l,t} \mid t \in [1, v_{q,l}]] = FS[PS_{SA_{q,l,t}|t\in[1,v_{q,l}]}] \mid \mid FS$$

$$[PS_{\{SC_k|k\in[1,s]\}}] \mid \mid FS[Glue_{SA_{q,l,t}}(\{SC_k|k\in[1,s]\})]$$

9.2.3.2 形式化基础

CBMEWS4FGF 的目标是构建云计算模型架构，具有并行处理特点。$LL7$ 是用于描述这一架构的语言。以并发系统静态性质和动态行为作为研究对象的进程演算（process calculus）或进程代数（process algebra）[15~18]可以作为 $LL7$ 语言形式化基础。

进程演算一般会有并发（parallel）操作子，通常用"｜"表示。还包括常见的操作子，如顺序（sequential）操作子，也称作前缀（prefix）操作子，记为"π."、选择（choice）操作子"＋"和限制（restriction）操作子"（.）"，也称作局部（localization）操作子等。

由于进程代数具有很强的行为建模能力，利用演算中移动概念和构件技术演化概念的相似性，本文选用 π 演算（π-calculus）对构件行为、构件组装与演化交互语义进行建模，以此作为 $LL7$ 形式化语言描述基础。

（1）CBMEWS4FGF 与 π 演算 CBMEWS4FGF 总体框架显示，建模过程所涉及业务活动和系统活动分别由业务动作集合和系统动作集合构成。表 9-2 给出了构成 CBMEWS 框架业务层和系统层的集合元素与业务层和系统层的动作之间的关系，显示了 CBMEWS 定义的语义层由业务与系统活动、业务与系统动作集合所组成。

表 9-2　CBMEWS4FGF 三层架构业务与系统动作

项目	集合元素	是否为活动	是否为动作
需求层	UC_i	0	0
	$Suc_{i,p}$	1	0
语义层	$BA_{i,p,j}$	1/0	0/1
	AB_q	0	1
	$Sab_{q,l}$	1	0
	$SA_{q,l,t}$	1/0	0/1
	SC_k	0	1
实现层	$AS_k\,|\,k\in[1,s]\,or\,AS_q\,|\,q\in[1,.$	0	1

因此，$LL7$ 定义的构件即是业务或系统动作，连接件可由业务或系统活动、动作组成。本文将业务或系统动作（Action）、业务或系统活动（Activity）映射为 π 演算动作（Action）与进程（Process），用 $LL7$ 对语义层构件与连接件进行形式化定义。

（2）形式化定义　根据式（9-13）、式（9-14），本文对连接件 $Glue$ 逻辑部分形式化建模。由 CBMEWS4FGF 分析出的结论是，$Glue$ 逻辑实际是代表业务或系统活动和动作的逻辑组合。因此本文采用定义 SYSML 活动图类似的方法，对 $Glue$ 逻辑形式化定义。

定义 9-5：连接件 $Glue$ 逻辑由如下 $Glue$ 五元组构成，

$$Glue=(N,P,I,O,E)$$

其中，有限集 N 由 CBMEWS4FGF 中动作或活动节点集合与动作或活动的逻辑控制节点集合 N_C 组成。

$$N=N_{BA}\bigcup N_{AB}\bigcup N_{Sab}\bigcup N_{SA}\bigcup N_{SC}\bigcup N_C$$

$$N_C\subset\{N_D,N_M,N_F,N_J,N_I,N_{FF},N_{AF}\}$$

式中，N_D 代表判断节点集合，N_M 代表归并节点集合，N_F 代表分支节点集合，N_J 代表连接节点集合，N_I 代表 Glue 逻辑起始节点集合，N_{FF} 代表控制流终止节点集合，N_{AF} 代表 $Glue$ 逻辑终止节点集合。

有限集 P 由输入接口集合 P_{in} 与输出接口集合 P_{out} 组成。

$$P = P_{\text{in}} \bigcup P_{\text{out}} = P_{\text{BA}} \bigcup P_{\text{AB}} \bigcup P_{\text{Sab}} \bigcup P_{\text{SA}} \bigcup P_{\text{SC}} \bigcup P_{\text{Nc}}$$

采用接口参数与接口绑定原则，将参数映射到接口。

I 代表输入参数集合，$I = I_{\text{BA}} \bigcup I_{\text{AB}} \bigcup I_{\text{Sab}} \bigcup I_{\text{SA}} \bigcup I_{\text{SC}} \bigcup I_{\text{Nc}} \subseteq P_{\text{in}}$

O 代表输出参数集合，$O = O_{\text{BA}} \bigcup O_{\text{AB}} \bigcup O_{\text{Sab}} \bigcup O_{\text{SA}} \bigcup O_{\text{SC}} \bigcup O_{\text{Nc}}$ $\subseteq P_{\text{out}}$

E 代表节点间连接通路，即 CBMEWS4FGF 中消息路由。

图 9-5 显示连接件 $Glue$ 逻辑示意图。图中省略了连接件其它部分，仅画出了节点及其端口。

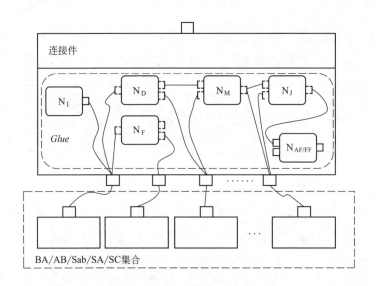

图 9-5　连接件 $Glue$ 部分示意图

遵循 π 演算已定义的符号系统，如下给出由动作前缀集合 π_i 等定义的 π 演算进程 þ 的语法范式：

þ$::= (\pi_1. þ_1 + \pi_2. þ_2 + \cdots + \pi_n. þ_n) |$　　　;选择

$\qquad (þ_1 | þ_2 | \cdots | þ_n) |$　　　　　　　　　;并发

$\qquad new\ a\ þ |$　　　　　　　　　　　　　　;命名空间约束

$\qquad ! þ$　　　　　　　　　　　　　　　　　;复制

本文将 $Glue$ 逻辑映射为 π 演算的进程 þ，记为函数 $\pi: Glue \rightarrow þ$。

定义 9-6：连接通路 E 映射：设连接通路 $e \in E$，π 演算通道名为 e，

定义 $\pi(e)=e$。

定义 9-7：输入接口/输出接口映射：设 p 是输入接口，q 为输出接口，e 为连接两个接口的连接通路，$e=(p,q)$。设 t 为 π 演算中某个消息，以通道视角定义 π 演算输入接口：$\pi(p)=\overline{\pi(e)}<t>$；$\pi$ 演算输出接口：$\pi(q)=\pi(e)(t)$。

定义 9-8：参数集映射：包括接口 p_1，$\cdots$，p_k 的参数集 $S=\{p_1,\cdots,p_k\}$，是接口映射的并行合成，$\pi(S)=\pi(p_1)|\cdots|\pi(p_k)$。

定义 9-9：活动或动作节点的映射：设 A 为活动或动作节点，该节点输入参数集为 I_1，$\cdots$，I_k，输出参数集为 O_1，$\cdots$，O_n，则

$$\pi(A)=A\overset{\text{def}}{=\!=}[\pi(I_1)+\cdots+\pi(I_k)].performA.[\pi(O_1)+\cdots+\pi(O_n)].0$$

定义 9-10：控制节点的映射：设 D 是判断节点，该节点输入参数集为 I，输出参数集为 O_1，$\cdots$，O_n，设 M 为归并节点，该节点输入参数集为 I_1，$\cdots$，I_k，输出参数集为 O，则

$$\pi(D)=D\overset{\text{def}}{=\!=}\pi(I).[\pi(O_1)+\cdots+\pi(O_n)].0$$

$$\pi(M)=M\overset{\text{def}}{=\!=}[\pi(I_1)+\cdots+\pi(I_k)].\pi(O).0$$

设 F 是分支节点，该节点输入参数集为 I，输出参数集为 O，设 J 为接合节点，该节点输入参数集为 I，输出参数集为 O，则

$$\pi(F)=F\overset{\text{def}}{=\!=}\pi(I).\pi(O).0$$

$$\pi(J)=J\overset{\text{def}}{=\!=}\pi(I).\pi(O).0$$

定义 9-11：起始节点和流程终止节点的映射：

若 e 是起始节点 n 的起始通路，则 $\pi(n\in N_I)=\overline{e}<t>.0$

若 e 是流程终止节点 n 的终止通路，则 $\pi(n\in N_{FF})=e(t).0$

定义 9-12：$Glue$ 映射：

设 $Glue=(N,P,I,O,E)$，$E=\{e_1,\cdots,e_n\}$；$\pi(n_i)$ 代表节点 $n_i\in N=\{n_i,\cdots,n_k\}$ 的 π 演算映射，则

$$\pi(Glue)=Glue\overset{\text{def}}{=\!=}new\ e_1,\cdots,e_n[\pi(n_1)|\cdots|\pi(n_k)]$$

定义 9-13：$LL7$ 定义的构件：设 AC 为原子构件节点，该节点输入

参数集为 I_1，$\cdots$，I_k，输出参数集为 O_1，$\cdots$，O_n，则

$$\pi(AC) = AC \stackrel{\text{def}}{=} [\pi(I_1) + \cdots + \pi(I_k)].\, performAC.\, [\pi(O_1)$$
$$+ \cdots + \pi(O_n)].\, 0$$

定义 9-14：$LL7$ 定义的连接件：设 CON 为连接件节点，该节点输入参数集为 I_1，$\cdots$，I_k，输出参数集为 O_1，$\cdots$，O_n，则

$$\pi(CON) = CON \stackrel{\text{def}}{=} [\pi(I_1) + \cdots + \pi(I_k)].\, \pi(Glue).\, [\pi(O_1)$$
$$+ \cdots + \pi(O_n)].\, 0$$

定义 9-13、定义 9-14 形式化描述了 $LL7$ 定义以 π 演算为基础的构件、连接件等，这样，系统设计任务均可用形式化方式达成，因此，$LL7$ 是一种面向形式化表达式的语言。

9.3　监测预警系统形式化建模

9.3.1　构建 CBMEWS4FGF 体系架构

构建 CBMEWS4FGF 体系架构的出发点是对林草火险监测预警的具体问题，即监测预警系统分析开始。首先对监测预警系统进行业务需求分析，得到监测预警系统业务活动场景即业务流程和原子业务构件集合 AB，然后对原子业务构件进行监测预警系统的系统需求分析，得出系统活动场景即系统流程和原子系统构件集合 AS；根据业务与系统需求以及原子构件集合 AB、AS，可以定义应用层语言 $LL7$ 的控制构件，形成应用引擎 E；用 $LL7$ 描述流程 Pr，最终获得流程语义表达。即分别建立：

① 以业务需求、原子业务构件集合 AB 为基础的 CBMEWS4FGF 业务体系架构；

② 以系统需求、原子系统构件集合 AS 为基础的 CBMEWS4FGF 系统体系架构；

③ 以业务需求、原子系统构件集合 AS 为基础的 CBMEWS4FGF 业

务系统体系架构及功能体系架构的设计方案。

本节在 CBMEWS4FGF 体系结构形式化基础上，详细讨论了由应用层语言 $LL7$ 描述 CBMEWS4FGF 模型架构组成要素的形式化方法，给出形式化建立 CBMEWS4FGF 语义层的建模方案。

9.3.2 建模方法

本文通过 $LL7$，形式化描述 CBMEWS4FGF 模型架构组成要素，采用自上而下的构造以 Pr 为基础的 CON 的 $Glue$ 逻辑，以此建立 CBMEWS4FGF 形式化模型。

9.3.2.1 形式化 CBMEWS4FGF 模型要素

CBMEWS4FGF 模型由构件 AC 和连接件 CON 组成，根据 $LL7$ 对构件 AC 形式化定义 9-13，连接件 CON 定义 9-14，则：

（1）业务集合构件连接件

$$\pi(AB_k^{AC}) = AB_k^{AC} \overset{\text{def}}{=} \pi(I_1).\, performAB_k^{AC}.\, \pi(O_1).\, 0; k \in [1, m]$$

$$\pi(Suc_{i,p}) = Suc_{i,p} \overset{\text{def}}{=} [\pi(I_1) + \cdots + \pi(I_{k_{i,p}})].\, \pi(Glue_{Suc_{i,p}}).\, [\pi(O_1) + \cdots + \pi(O_{n_{i,p}})].\, 0$$

$$\pi(BA_{i,p,j}) = BA_{i,p,j} \overset{\text{def}}{=} [\pi(I_1) + \cdots + \pi(I_{k_{i,p,j}})].\, \pi(Glue_{BA_{i,p,j}}).\, [\pi(O_1) + \cdots + \pi(O_{n_{i,p,j}})].\, 0$$

其中　　　　　　$i \in [1, n]; p \in [1, n_i]; j \in [1, r_{i,p}]$　　　　　　　(9-17)

（2）系统集合构件连接件

$$\pi(SC_k^{AC}) = SC_k^{AC} \overset{\text{def}}{=} \pi(I_1).\, performSC_k^{AC}.\, \pi(O_1).\, 0; k \in [1, s] \pi(Sab_{q,l})$$

$$= Sab_{q,l} \overset{\text{def}}{=} [\pi(I_1) + \cdots + \pi(I_{k_{q,l}})].\, \pi(Glue_{Sab_{q,l}}).\, [\pi(O_1) + \cdots + \pi(O_{n_{q,l}})].\, 0$$

$$\pi(SA_{q,l,t}) = SA_{q,l,t} \overset{\text{def}}{=} [\pi(I_1) + \cdots + \pi(I_{k_{q,l,t}})].\, \pi(Glue_{SA_{q,l,t}}).\, [\pi(O_1) + \cdots$$

$$+\pi(O_{n_{q,l,t}})].0$$

其中 $\qquad q\in[1,m];l\in[1,t_q];t\in[1,v_{q,l}]$ （9-18）

（3）业务系统集合构件连接件

$$\pi(SC_k^{AC})=SC_k^{AC}\overset{\text{def}}{=\!=}\pi(I_1).\,performSC_k^{AC}.\,\pi(O_1).0;k\in[1,s]$$

$$\pi(Suc_{i,p})=Suc_{i,p}\overset{\text{def}}{=\!=}[\pi(I_1)+\cdots+\pi(I_{k_{i,p}})].\,\pi(Glue_{Suc_{i,p}}).\,[\pi(O_1)+\cdots$$
$$+\pi(O_{n_{i,p}})].0$$

$$\pi(BA_{i,p,j})=BA_{i,p,j}\overset{\text{def}}{=\!=}[\pi(I_1)+\cdots+\pi(I_{k_{i,p,j}})].\,\pi(Glue_{BA_{i,p,j}}).\,[\pi(O_1)+\cdots$$
$$+\pi(O_{n_{i,p,j}})].0$$

其中 $\qquad i\in[1,n];p\in[1,n_i];j\in[1,r_{i,p}]$

$$\pi(AB_k^{CON})=AB_k^{CON}\overset{\text{def}}{=\!=}\pi(I_1).\,performAB_k^{CON}.\,\pi(O_1).0;k\in[1,m]$$

$$\pi(Sab_{q,l})=Sab_{q,l}\overset{\text{def}}{=\!=}[\pi(I_1)+\cdots+\pi(I_{k_{q,l}})].\,\pi(Glue_{Sab_{q,l}}).\,[\pi(O_1)+\cdots$$
$$+\pi(O_{n_{q,l}})].0$$

$$\pi(SA_{q,l,t})=SA_{q,l,t}\overset{\text{def}}{=\!=}[\pi(I_1)+\cdots+\pi(I_{k_{q,l,t}})].\,\pi(Glue_{SA_{q,l,t}}).\,[\pi(O_1)+\cdots$$
$$+\pi(O_{n_{q,l,t}})].0$$

其中 $\qquad q\in[1,m];l\in[1,t_q];t\in[1,v_{q,l}]$ （9-19）

9.3.2.2　搭建 *CBMEWS4FGF*

CBMEWS4FGF 可由构件 AC 与连接件 CON 搭建而成。

CBMEWS4FGF 模型流程 Pr 大致有 2 种类型，分别是：①静态流程，允许流程离线（offline）再造；②动态流程，允许流程运行时（online）再造。静态流程反映的是 CBMEWS4FGF 预先设计好的 *Glue* 逻辑过程。动态流程反映 CBMEWS4FGF 的 *Glue* 逻辑要素间动态逻辑生成过程，动态流程要求从外部输入语义树，该语义树由 AC 元素及其关系构成。动态流程生成过程是以 CBMEWS4FGF 模型要素所提供服务 PS 的局部最优化和全局最优化为目标函数的。

对于①静态流程，其语义树是预先设计确定的有限集，其流程驱动路径由输入参数确定，引擎可以用一个有限状态机建模；对于②动态流程，由于流程 Pr 无法预先确定，需要随时根据 CBMEWS4FGF 要素输出状态动态确定流程下一步走向，因此在引擎中仅仅支持 $LL7$ 语法显然不够，引擎还必须能够理解语义。尽管 CBMEWS4FGF 支持①②两种方式的 Pr 与 E，但本文仅讨论①静态流程 Pr 与引擎 E 构建的 CBMEWS4FGF 连接件 CON，与构件 AC 所搭建的模型进行形式化建模与验证。

用状态机建模流程 Pr，则流程 Pr 和引擎 E 是不可分割的整体。事实上，$LL7$ 描述的形式化连接件 CON，总可以形式化为一种状态机表示，它在逻辑上可以完整描述流程 Pr 与引擎 E。

例如，从业务集合构件连接件式（9-17）的形式化表达看，$Suc_{i,p}$ 由一个完整的业务流程 Pr 构成，该业务流程又由 $Glue$ 逻辑组合的子流程 Pr（或称为业务流程步骤）组成，$Glue$ 逻辑实际反映的是 Pr 与 E 绑定的系统运行方式。CBMEWS4FGF 的形式化建模，实质上是从需求出发，自上而下地构造以 Pr 为基础的 CON $Glue$ 形式化逻辑过程。

由于 $LL7$ 是基于进程代数（π 演算）的形式化语言，它可直接描述 CBMEWS 模型元素及其体系结构规约，无需如流程模型脚本语言那样转换，然后借助一种其他形式化语言及验证工具，才能完成形式化建模与模型验证。CBMEWS 经 $LL7$ 形式化建模后，可直接用于逻辑验证。

9.3.3　形式化建模

定义 9-15：内部活动是与外部环境没有任何交互的 CBMEWS4FGF 活动，在 π 演算中用 τ 表示。内部活动不属于系统模型验证的范畴。

CBMEWS4FGF 典型的内部活动是 AC 所提供的服务，但 CBMEWS4FGF 的内部活动是一个相对概念，尤其是指 CON 的 $Glue$ 逻辑所代表的活动，当 $Glue$ 逻辑不分解时，$Glue$ 逻辑所代表的活动就是该 CON 的内部活动。

形式化建模重点考虑 CON 在逻辑上的正确性，消息兼容性问题留待原型系统建模时予以解决[11]。

定义 9-16：CBMEWS4FGF 外部活动是指 AC 或 CON 与外部环境的交互活动。

CBMEWS4FGF 系统建模与验证主要是对 CBMEWS4FGF 的外部活动而言的。CBMEWS4FGF 的外部活动也是一个相对概念，*Glue* 逻辑对 CON 自身是内部活动，但对 *Glue* 逻辑所作用的对象而言，则均为外部活动。

9.3.4 形式化验证

CBMEWS4FGF 形式化验证目的是解决 CBMEWS4FGF 模型是否满足所期望的性质，如是否无死锁，活动是否可达等问题。

CBMEWS4FGF 形式化后则可用状态迁移 ST（State Transition）系统表示系统的行为，用模态逻辑 ML（Modal Logic）或时序逻辑 TL（Temporal Logic）公式描述系统的性质，则上述问题转化为 ST 系统是否是 ML 或 TL 公式的一个模型。

由于不同的性质描述形式对应着不同的逻辑公式验证工具，时序逻辑 TL 的典型验证工具是基于命题线性时序逻辑 PLTL（Propositional Linear Temporal Logic）的 SPIN，对于模态逻辑 ML，常见的是基于 HML（Hennessy-Milner Logic）的 μ 演算验证工具 MWB（Mobility Workbench)[19]。以下简单介绍这两种逻辑与对应的工具。

9.3.4.1 命题线性时序逻辑 PLTL

时序逻辑 TL 描述系统状态以及状态之间的关系。命题线性时序逻辑 PLTL，则是描述系统任意一次运行中的状态以及状态之间的关系。在 PLTL 时间轴上存在着一个无限状态序列，该序列状态之间按某个隐含时间参数严格排序，对每个状态都有唯一后继状态与之对应。

与 PLTL 对应模型检验工具 SPIN 是由美国贝尔实验室开发，用于检验有限状态系统是否满足 PLTL 公式及其性质。SPIN 所输入元语言是 Promela，Promela 采用类 C 语法结构，用进程、通道和变量组成其程序。Promela 语言所编写程序输入到 SPIN 后，被转化为有限状态自动机，SPIN 是通过将该自动机与 PLTL 公式所构成自动机的补相乘，来验证 Promela 所描述的系统模型是否满足给定性质。

SPIN 优势体现在对复杂系统状态空间搜索验证上，它可以覆盖所验证系统最大限度的状态空间。

9.3.4.2 μ 演算

与 TL 关心的是系统状态以及状态之间关系不同，μ 演算则是关注系统动作和状态之间关系的一种逻辑语言。它是在 HML 模态逻辑基础上，增加了最大不动点算子 v 和最小不动点算子 μ 而得到的逻辑语言。MWB 验证工具使用 $\pi\text{-}\mu$ 演算（$\pi\text{-}\mu\text{-}calculus$）将 μ 演算纳入 π 演算前缀上（$\pi\text{-}prefix$）来完成基于 π 演算的逻辑验证。

μ 演算因引入了不动点而增强了其表达能力，虽然对大状态空间其性能表现逊于 SPIN，但由于 CBMEWS4FGF 是面向具体问题设计的，它的系统状态为有限集合，且 CBMEWS4FGF 采用 AC、CON 分层验证方式，其状态数较无分层验证方式又得到进一步降低；因此本文采用 μ 演算作为 CBMEWS4FGF 性质描述的公式语言。

9.3.4.3 性质验证

（1）流程无死锁 流程无死锁（deadlock-free）是指 CBMEWS4FGF 流程 Pr 不会进入无任何可执行活动的状态。从外部看，Pr 可与外部环境交互。如果用符号"$-$"表示任意活动，则无死锁的 μ 演算表达式为：$vZ.\langle-\rangle true \wedge [-]Z$。

（2）活动可达 活动可达是指 CBMEWS4FGF 的流程 Pr 要求某个活动 α 可达，即流程 Pr 最终一定会执行活动 α。如果用符号"$-$"表示任意活动，除 α 以外的任何活动用符号"$-\alpha$"表示，则活动可达 μ 演算表达式为：$\mu Z.\langle-\rangle true \wedge [-\alpha]Z$。

9.3.5 形式化验证工具

CBMEWS4FGF 的形式化验证是验证由 AC 和 CON 搭建的系统的形式化模型及其需满足的性质。本研究的设想是采用先构件 AC 后连接件 CON 的构建方式，即自构件 AC 层上至连接件 CON 层的方式构建 CBMEWS4FGF 形式化模型；在构建的过程中采取一边构建、一边验证的方式完成 CBMEWS4FGF 形式化验证工作。

虽然各种形式化验证平台提供了多种手段方便人们输入系统的形式化语言的描述，但它们是将系统形式化描述结果作为验证平台的输入，系统如何进行形式化描述、怎样与所提供的验证平台对接是使用各种验证工具前期必须解决的问题。

本文采用层次化图形前端将 AC 和 CON 图形描述与形式化属性及方法相关联，同时建立与之对应的分层（即需求层、语义层和服务层）数据库以存储 AC 与 CON。用图形输入方式解决 CON $Glue$ 逻辑人工输入易出错问题，采用预编译 $LL7$ 弥补后台验证平台的某些限制，形成系统形式化模型验证的形式化验证平台。

9.3.5.1 平台图形前端设计

设计平台图形前端主要是指实现 AC 与 CON 图形标注。图 9-6 显示了构件 AC 与连接件 CON，以及它们之间连接关系。图中 P 表示 CON 或 AC 提供的服务，R 代表 CON 所申请的服务。CON 或 AC 接口用小方形表示，图中 CON 或 AC 上端接口用于提供服务，下端接口表示申请的服务接口。连接关系用接口间的连线 e 表示，e 采用 P＋R 的命名方式。

9.3.5.2 活动验证

系统采用先构建语义层底层 CON，如式(9-17) 表示业务集合连接件 $BA_{i,p,j}$、式(9-18) 和式(9-19) 系统集合以及业务系统集合连接件

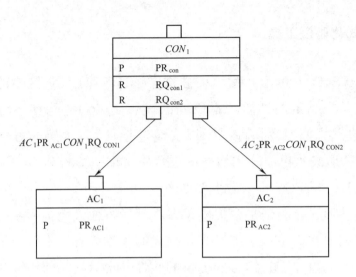

图 9-6　图形标注构件 AC 和连接件 CON 的连接关系

$SA_{q,l,t}$，验证 $BA_{i,p,j}$ 与 $SA_{q,l,t}$ 的 $Glue$ 逻辑，即 AC 的外部活动，然后向上逐层重复前述过程。如将 $Glue$ 逻辑逐层展开，则表示系统全流程的验证。

9.3.5.3　与验证平台接口

设计前台接口采用与 $\pi\text{-}\mu\text{-}$演算验证平台 MWB 接口兼容，遵循 $\pi\text{-}\mu\text{-}$演算符号约定。由于 SPIN 已开发出用于 MWB 的插件，其在内部完成 π 演算进程的 Promela 转换，所以本设计也适用于 SPIN 的工具验证。

图 9-7 是验证平台总体设计图，层次化图形前端首先利用以图论为基础的图元库，建立图元与 CBMEWS4FGF 构件 AC 与连接件 CON 的映射关系；又由于 CBMEWS4FGF 形式化建模的结果是建立了 CBME-WS4FGF 的 AC 与 CON 形式化表达，由此建立图元与形式化表达之间的映射关系。图形前端接口接收 CBMEWS4FGF 形式化建模结果即 π 演算表达作为输入，经 $LL7$ 编译器做形式化语法检查，然后转换为目标验证平台所能接受的形式化脚本供后台验证工具使用。由于 CBMEWS4FGF 建模过程中对内置的 AC 与 CON 实现细节也进行了建模，这样做

的结果是 $LL7$ 也可输出以 XML 或通用程序语言描述的 AC 与 CON，基于此可直接生成为可执行目标语言，如 Java 语言等，构成可执行原型系统。

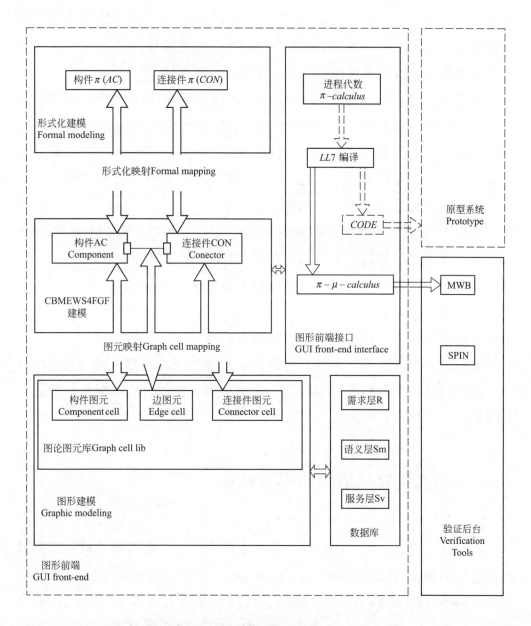

图 9-7　图形前端的设计框图

9.3.6 小结

CBMEWS4FGF 系统模型验证是以对 CBMEWS4FGF 体系结构要素形式化为基础而进行的，用以进程代数为基础的 $LL7$ 语言描述体系结构组成要素，完成 CBMEWS4FGF 系统模型形式化描述，并以此作为用形式逻辑验证系统及其性质工具集合的输入。

鉴于形式化语言描述系统的复杂性，以及对 CBMEWS4FGF 系统组成要素重用性方面的考虑，本研究设计了层次化图形前端平台用于解决 CBMEWS4FGF 系统形式化建模问题。该平台将系统的形式化映射转变为基于 CBMEWS4FGF 构件与连接件图形图元的映射，较好地解决了系统构建与形式化描述之间关系问题。

运用 $LL7$ 方法可直接用进程代数描述体系结构及 PRM 流程 Pr，使系统各阶段模型的逻辑协调性与可达性得以获得直接验证，从而避免了用其他流程语言进行形式化转换后可能带来的语义丢失等问题。

本文的验证方法采用自下而上逐级验证的方式，此种验证方法的基础是设定原子构件为可信系统，它符合构件系统的实际应用状况；在此基础上验证构件的组成逻辑，即连接件逻辑。这种逐级验证方式的特点是在减少了有限状态空间，可在一定程度上避免因状态空间过大引起系统验证失败问题。

9.4 业务流程路径追踪与模型检测

在信息系统建模中，还有一种业务流程建模广泛使用的建模符号语言 BPMN（Business Process Modeling Natation），它由 BPMI（Business Process Management Initiative）2004 年提出，其目标是为服务组合语言如 BPEL（Business Process Execution Language）提供图形化建模符号。作为一种广泛流行的业务流程建模符号语言，由于它采用半形式化描述方式，因而没有明确清晰的语义[20]，因此 BPMN 不能规范和形式化业务流程的交互行为。对于半形式化语言做形式化验证的通常解决方案是建立一种映射机制，将半形式化语言对等映射到形式化语言，如将 BPMN/BPEL 与 Ⅱ 演算建立映射关系完成形式化验证及模型检验。但对等映射随之带来的是可能的语义缺失等问题。为此，本文从 BPMN 标记元语言 XML 入手，实现软件需求分析、模型设计和代码实现之间的一致性，一定程度避免了对等形式化映射带来的语义缺失等问题[21]。

9.4.1　流程到代码实现机制

为了将静态的 BPMN 流程转换为可执行代码，对面向过程业务流程提供有效、完善的表达方式，需要使用精准语言对 BPMN 元素及其之间关系进行描述和设计，使软件系统具有较好的模块化体系结构，以实现软件需求分析、模型设计和代码实现之间的一致性。

XML 语言定义了 BPMN 元素属性和规约，它以标准格式保存 BPMN 元素信息，便于模型与模型之间映射，因此本文把它作为一种规范或者工具去设计更加合适的语言。本文选用 Java 语言作为模型转换的目标语言，其原因一是它具备面向对象及面向构件设计的完整特征，另一方面，本文 CBMEWS4FGF 形式化验证框架的编程语言采用 Java，这样有利于在统一平台进行信息系统建模的各阶段验证。

借助 BPMN 的 xml 文件，将 BPMN 实体元素以及相关属性和方法封装成 Java 抽象类，根据其对应 XML 语言整合元素中类似属性，消除冗余，抽象成比较精化的 Java 类。实现将一个 BPMN 流程转换为一个完整的 Java 对象，完成模型与代码之间的匹配。

图 9-8 是 BPMN 转换为 Java 代码过程中工作机制示意图，从上到下依次为输入文件、模型转换器 oAW（openArchitectureWare）的 M2C（Model to Code）工作流、输出文件。要预先定义模型结构，然后开始编写代码模板。使用 EMF（Eclipse Modeling Framework）框架定义 BPMN 元模型，产生 BPMN20.xsd 元模型；然后通过 Xpand 定义模板文件

Template. xpt，在 BPD 模型中找到指定 BPMN2.0 元素；再定义工作流文件 generator. mwe；最后运行工作流，将由模型产生的代码输出到指定文件中。

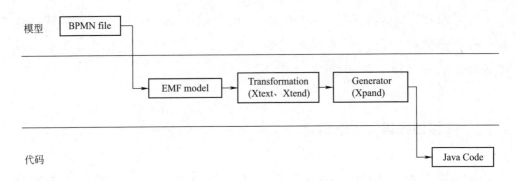

图 9-8　BPMN/Java 工作机制

9.4.2　业务流程执行路径追踪

本节实现基于流程的执行路径追踪功能。该方法通过在检测算法中加入状态规约规则以减少对流程状态空间探索；通过添加索引以帮助设计人员更加准确定位问题所在，以备后续流程改造和系统维护。

9.4.2.1　业务流程结构模型分析

业务流程结构模型是由活动节点或者网关与顺序流组成的有向图。根据不同的功能，可将结构模型分为六种，它们可以完整定义系统执行规则和约束条件。本文用形式化符号对这六种结构进行描述。首先引入网关的入度和出度，以及网关的输入、输出结构定义。

定义 9-17：网关入度和出度

对带有网关 G 的控制结构 $\Sigma = <M, G, F>$，其中 $M = \{M_1, M_2, \cdots, M_n\}$ 表示活动节点，$F = \{F_{ij} \mid i, j \in 1, 2, \cdots, n\}$ 是活动节点之间的弧。对于网关 G，$in(G) = \{F_{ij}, G) \mid F_{ij} \in F\}$ 表示 G 的入度，即

网关 G 输入活动数；$out(G) = \{(G, F_{jk}) \mid F_{jk} \in F\}$ 表示 G 的出度，即网关 G 输出活动数。

定义 9-18：网关输入、输出结构

$G_{in} = <M, F, G>$ 表示网关输入结构，$G_{out} = <G, F, M>$ 表示网关输出结构，使用 G_{ii} 表示网关第 i 个输入，用 G_{oi} 表示网关第 i 个输出。

六种基本控制结构如下。

(1) 顺序 (Sequence)：用 $S = <M, F>$ 表示顺序结构，如节点 M_1、M_2 和 M_3 之间的顺序结构关系描述为：{if M_1 then M_2 then M_3；}。

(2) 与分支 (And-Split)：用 $AGS = <G, S>$ 表示与分支结构。其中 $in(G) = 1$，$out(G) = 2$，且 $G_{o1} \wedge G_{o2} = true$。如含有节点 M_1、M_2 和 M_3 和网关 And-Split 语义为，当活动 M_1 完成后，活动 M_2 和 M_3 都必须执行。

语义描述为：if（网关类型 == "And-Split"）{if M_1 then M_2 and M_3；}。

(3) 或分支 (Or-Split)：用 $OGS = <G, S>$ 表示或分支结构，其中 $in(G) = 1$，$out(G) = 2$，且 $G_{o1} \vee G_{o2} = true$，如含有节点 M_1、M_2、M_3 及网关 Or-Split 的语义为，当活动 M_1 完成后，M_2 或者 M_3 之间有一个执行，另一个不执行。

语义描述为：if（网关类型 == "Or-Split"）{if M_1 then M_2 or M_3；}。

(4) 与合并 (And-Join)：用 $AGJ = <S, G>$ 表示与合并结构，其中 $in(G) = 2$，$out(G) = 1$，且 $G_{i1} \vee G_{i2} = true$，如含有节点 M_1、M_2、M_3 和网关 And-Join 的语义描述为：if（网关类型 == "And-Join"）{if M_1 and M_2 then M_3；}。

(5) 或合并 (Or-Join)：用 $OGJ = <S, G>$ 表示或合并结构，其中 $in(G) = 2$，$out(G) = 1$，且 $G_{i1} \vee G_{i2} = true$。如含有节点 M_1、M_2、M_3 及网关 Or-Join 的语义描述为：if（网关类型 == "Or-Join"）{if M_1

or M_2 then M_3；}。

（6）循环（Iteration）：I 表示由上述几种结构中的一种或多种构成的一条路径或者子路径，若 $I_i \wedge I_j = true$，表示两条路径中有重合部分，即流程中有循环结构。如含有节点 M_1、M_2、M_3 和 M_4 以及网关 Or-Join 和 Or-Split 的语义描述为：{if M_1 then M_2；if M_4 then M_2；if M_2 then M_3；if M_2 then M_4；if M_4 then M_2；if M_2 then M_4；…；}。

9.4.2.2 业务流程执行

控制结构决定流程走向。本文在方法中引入栈机制，用于在有分支存在时可将不执行的分支压入栈中，待另一条路径执行后，返回分支节点并弹出栈中保存数据继续执行。整个流程执行路径采用树结构存储，以树搜索方法来遍历流程中每个节点。

（1）树结构 使用树状结构来表示流程的状态空间，图中每一个节点代表流程图的一个元素，可看到一个事件或者活动的所有输出。从一个节点进行深度遍历或者广度遍历可获得流程一条路径或子路径，从而完成对整个流程全覆盖路径探索。

（2）栈机制 在 BPMN 流程执行中，如果遇到选择性网关，需使用栈机制暂存另一条路径。对当前路径搜索之后再将另一条弹出，实现对流程全覆盖探索。

9.4.2.3 语法与结构

本文试图避免产生大集合，而只生成与系统评估有关最小子集。为了更好地描述状态规约算法，首先对流程节点进行归类。

定义 9-19：第一类节点——不涉及合并或分支结构的开始事件和结束事件。

定义 9-20：第二类节点——构成简单顺序结构的一系列节点。这些节点恰好有一个输入和一个输出，对应于 BPMN 中 Task 节点。

本文的状态规约算法对不同类型节点用两个规约规则：

（1）终端规约规则　若节点是第一类节点，即当前执行节点迁移数小于或等于 1，则将其移除。该规则如图 9-9（a）所示。

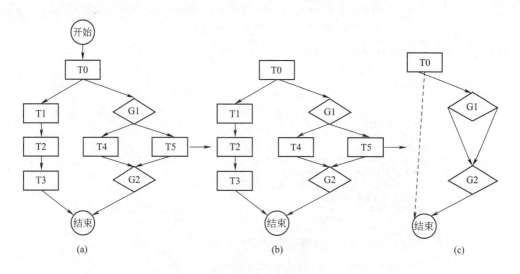

图 9-9　规约规则

（2）顺序规约规则　如果被访问当前节点是第二类节点，正在形成顺序结构，即它恰好具有一个输入流和一个输出流，则将其输入节点直接连到输出节点，并从图中移除当前节点。该规则如图 9-9（b）所示。

9.4.2.4　模型检测与问题定位

（1）死锁定位　结构图如 9-10 所示。执行过程为"开始→P→Or-Split→A or B"，无法触发 And-Join 网关执行，因此会产生死锁。图 9-10

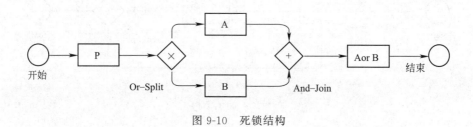

图 9-10　死锁结构

的全覆盖路径及检测结果如图 9-11 所示。

图 9-11 全覆盖路径及检测结果（一）

（2）活锁定位 结构图如 9-12 所示。执行过程为"Start→T1→T2→Or-Split→End or T1"。若 End 被执行路径正常结束，否则会继续执行"T1→T2→Or-Split"，造成不断地循环，即活锁。全覆盖路径及检测结果如图 9-13 所示。

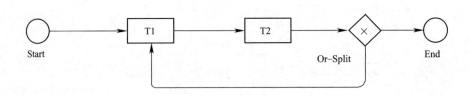

图 9-12 活锁结构

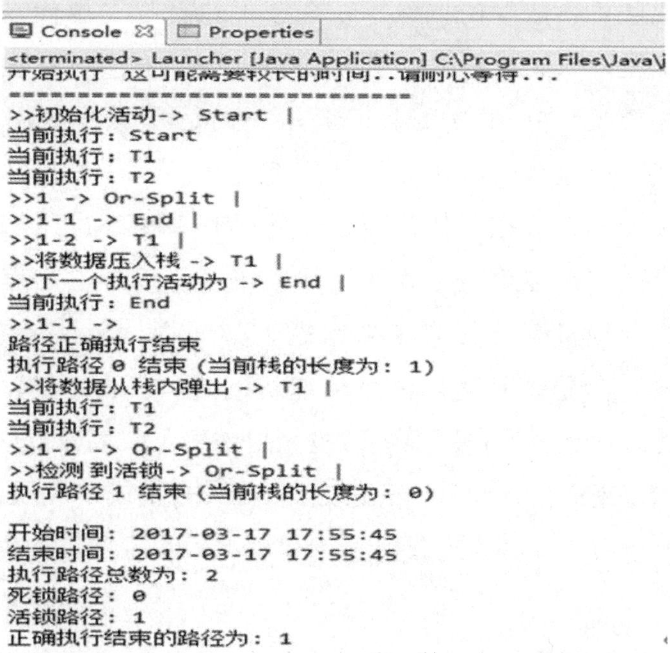

图 9-13　全覆盖路径及检测结果（二）

9.4.3　小结

本节实现了由可视化业务流程图 BPMN 到 Java 执行代码的转换，然后执行 Java 代码进行模型检测。用如结构树、栈机制以及状态规约算法等一些相关技术和算法，实现业务流程可执行、全路径覆盖、结构检测以及死锁和活锁定位。最后通过两个死锁与活锁结构的 BPMN 流程验证了本文方法的有效性和可实现性。

9.5　多线程程序形式化建模

林草火灾监测预警系统前端信息采集部分常由旋翼式飞行器构成。

类旋翼式飞行器等实时控制系统对复杂控制程序安全性要求很高，以期尽量降低造成坠机事故等的风险。在系统可执行程序源代码上直接做形式化静态验证是降低这类风险的有效途径之一。而实时系统常常采用的并发编程程序模型，在过去几十年来，一直是开发并发程序的有力工具。然而，线程模型为兼容历史的顺序编程程序设计思想，使用诸如共享变量等与线程不兼容细节依然残留，使得程序执行次序与正确性依赖于对共享变量的有序变更。尽管使用加锁机制可以补上线程模型部分漏洞，然而引入加锁机制又带来了新问题，如死锁、活锁、优先级反等。而角色模型的资源分享是通过消息传递机制进行。由于其没有共享变量竞争条件，无需对大部分资源上锁，极大地缓解了多线程模型中的竞争问题。采用角色模型通信进程（Communicating Sequential Processes，CSP）就是从线程模型中去除共享变量，成为建立多线程程序等价语义形式化建模有力工具[23,24]。

本节着重阐述我们对基于扩展 CSP（extended CSP，CSP♯）提出的对 POSIX 多线程程序自动建模与死锁检测新方法。它通过建立角色模型与多线程模型间的映射关系，利用 CSP♯ 已有形式化验证资源，使传统 C/C++语言编程的复杂信息系统，通过扫描源代码即完成所谓"静态"形式化验证[25]。

9.5.1 C/C++ 多线程程序到 CSP# 转换框架

9.5.1.1 指针别名分析

在 C/C++编程语言中，当有多个指针指向同一个对象，如相同的变量或内存地址时，则认为这几个指针存在别名关系。别名主要以下几种形式存在：①变量名之间对栈的引用；②引用之间的别名在栈上动态分配存储；③别名指向共同数组。

CSP♯ 模型不能对指针操作进行形式化描述，存在 CSP♯ 模型与目标程序语义不等价问题。为此，我们构建了指针指向图形式化模型，并使用邻接矩阵对指向信息进行了存储，提出了 SDERA 算法。

（1）指针指向图形式化模型　为抽象描述堆栈单元之间指向关系，使用有限集合对两个堆栈地址之间指向信息抽象。

定义 9-21：如果 x 和 y 分别表示两个真正的堆栈地址，且 x 的堆栈地址包含 y 的堆栈地址，则称这种情况为绝对指向，使用三元组（x，y，D）表示。

定义 9-22：对于两个堆栈地址 x 和 y，如果 x 指向 y 的堆栈地址，则称 x 可能指向 y，使用三元组（x，y，P）表示。

实际上，可以将程序中的指针赋值语句概括为以下六种情况：

① 取地址操作：如形式 $p=\&a$。

② 一般赋值语句：如形式 $p=q$。

③ 写操作：如形式 $*p=q$。

④ 读操作：如形式 $p=*q$。

⑤ 域写操作：如形式 $p->b=q$。

⑥ 域读操作：如形式 $p=q->b$。

（2）堆栈地址解引用等价替换算法　堆栈地址解引用等价替换算法采用数据流分析思想，通过线程创建入口分析每个线程中指针指向信息，并使用三元组表示；然后根据三元组描述过程建立邻接矩阵；最后根据邻接矩阵信息对地址解引用操作等价替换。堆栈地址解引用等价替换算法具体实现过程如表 9-3 所示。

表 9-3　堆栈地址解引用等价替换算法

Algorithm：堆栈地址解引用等价替换算法
Input：多线程程序代码
Output：对解引用操作等价替换后的代码

1.	getthr_id[]；　　　　　//获取每个创建线程的 id 集合
2.	for(id in getth_id){　　//处理每个线程中的代码内容
3.	for(each process in id){　　//线程中的每一行代码
4.	if(process∈ stack_point){　//满足堆栈地址指向关系
5.	if(process∈probable_point){　//满足可能指向
6.	create point_i＝new array[3]；
7.	point_i[2]＝P；}
8.	else if(process∈ absolute_point){　//满足绝对指向

Algorithm：堆栈地址解引用等价替换算法
Input：多线程程序代码
Output：对解引用操作等价替换后的代码

```
9.          create point_i＝new array[3];
10.          point_i[2]＝D;}
11.      }
12.    getpoint[],point_number;　//根据三元组统计节点信息,以及节点个数
13.    create matrix＝new array[point_number ＊ point_number] //建立邻接矩阵;
14.    for(each point in point_i){
15.      if(point∈ probable_point){
16.        if(当前节点没有指向信息)
17.          matrix 对应指向位置填充为1;
18.        if(当前节点存在指向信息)
19.          matrix 当前指向位置修改为0,新的指向填充为1;
20.        }
21.      if(point∈ absolute_point)
22.        matrix 中当前节点指向位置修改为0;
23.        指向新的对象的下一个节点位置填充为1;
24.      }
25.    for(each process in id){      //线程中的每一行代码
26.      if(process 是一般变量赋值语句 && 语句中含有解引用操作){
27.        使用深度优先算法搜索 matrix 中的指向信息;
28.        对解引用操作进行等价替换;}
29.      }
30.    }
31.  }//end for
```

9.5.1.2　多线程程序到 C＋＋CSP 框架语言转换

（1）C＋＋CSP 表示共享内存读写行为　共享变量通道在 C＋＋CSP 中声明如式（9-20）所示。

$$csp::Chanin\langle type\rangle name_{in} \quad csp::Chanout\langle type\rangle name\_out$$

$$(9\text{-}20)$$

式（9-20）中，$type$ 表示通道存放变量的类型，$name\_in$ 和 $name\_out$ 表示通道传输变量名。在 C＋＋CSP 规定中，使用 $write()$ 和 $read()$ 实现向通道写入数据和从通道中读出数据，表示方式如式（9-21）所示：

$$name_{in}.read(\&lcl_x) \quad name\_in.write(\&lcl\_x) \qquad (9\text{-}21)$$

（2）C++CSP 表示互斥锁操作 互斥量加锁与解锁操作表示如式（9-22）所示。

$$\begin{cases} Chanin\langle LockChannel\rangle mutex\_in \\ Chanout\langle LockChannel\rangle mutex\_out \\ \quad mutex\_out,read(lcl\_mutex) \\ \quad mutex\_in,write(lcl\_mutex) \end{cases} \qquad (9\text{-}22)$$

（3）C++CSP 表示条件等待与唤醒线程操作 在 C++CSP 规则中，将条件等待操作分为解开互斥锁、等待唤醒信号和锁定互斥锁三个过程。

（4）C++CSP 表示线程逻辑主体 由于在 C++CSP 中，线程之间使用通道方式进行通信，因此把线程主体中逻辑关系转换为 C++CSP 框架语言需要把线程主体中对共享内存操作转换为通道通信形式。

9.5.2 C++CSP 框架语言形式化建模

9.5.2.1 共享内存读写行为

C++CSP 采用一对读写通道实现共享内存的访问，而在 CSP♯中使用一个共同通道实现共享内存读写。CSP♯中共享内存通道声明如式（9-23）所示：

$$channel\ c\ size \qquad (9\text{-}23)$$

channel 是唯一声明通道关键词，c 是通道名称，$size$ 是通道缓冲区大小。

CSP♯使用通道对共享内存读写行为如式（9-24）、式（9-25）。

$$c!\ x \qquad (9\text{-}24)$$

$$c?\ x \qquad (9\text{-}25)$$

9.5.2.2 互斥锁操作

C++CSP 互斥量加锁与解锁操作使用 CSP♯描述如式（9-26）所示。

通过读取互斥量通道 *token* 值实现加锁与解锁过程，设置向通道缓冲区读写 *token* 值为常量1。

$$\begin{cases} channel\ mutex\ 1 \\ define\ token\ 1 \\ mutex?\ token \\ mutex?\ token \\ mutex!\ token \end{cases} \tag{9-26}$$

9.5.2.3 条件等待与唤醒线程操作

唤醒信号产生与释放行为可形式化描述为式（9-27）所示，其中 *cond* 表示条件变量通道。

$$\begin{cases} channel\ cond\ 1 \\ define\ signal\ 1 \\ cond!\ signal \\ cond?\ signal \end{cases} \tag{9-27}$$

9.5.2.4 线程主体

在 C++CSP 中，每一个线程主体内的代码都是顺序执行的。代码执行的每一过程可以看作是 CSP♯ 中的一个事件，而一个完整的线程主体则可以看作是 CSP♯ 中的一个进程。程序中的条件语句可以使用 CSP♯ 中的（[]）选择算子或 if-else 复合表达式表示，而 *delete* 方法在 CSP♯ 中用 *Skip* 符号表示进程的终止。在 CSP♯ 的规定中，if-else 语句中每一部分的结尾都需要具有 *Skip* 结束符或递归表达式。所以，在 CSP♯ 描述中对 if-else 语句采用分支结构进行表示。

9.5.3 系统形式化验证

采用过程分析工具 PAT[26] 对 CSP♯ 模型性质进行分析。形式化验证死锁检测流程实现过程如下：

① 针对 POSIX 多线程程序，自动生成 CSP♯模型。

② 通过 PAT 工具加载构建的 CSP♯模型。

③ 对整个系统行为声明无死锁断言性质。

④ 使用 PAT 中的 Verification 功能对无死锁断言性质进行分析，如果不满足性质输出产生死锁的路径。

9.5.4 小结

本节首先对指针别名进行分析并构建了指针指向图形式化模型，同时提出了堆栈地址解引用等价替换算法，解决了多线程程序与 CSP♯语言变量描述不一致问题；最后使用 PAT 工具对多线程程序进行死锁检测。

思考题

1. 什么是系统的形式化建模？系统形式化建模的主要作用是什么？

2. 为什么本文提出的林草火险监测预警系统框架可以用于形式化验证？

3. 为什么说 BPMN 业务流程描述语言是半形式化的？形式化语言的主要特征是什么？

4. 最终交付用户的监测预警系统程序代码位于系统体系架构的哪一层？

参考文献

[1] Antoni Olivé. Conceptual Modeling of Information Systems [M]. Springer-VerlagBerlinHeidelberg，2007.

[2] John Krogstie，Andreas Lothe Opdahl，Sjaak Brinkkemper（Eds.）. Conceptual Modellingin Information Systems Engineering [M]. Springer-VerlagBerlinHeidelberg，2007.

[3] 国家自然科学基金委员会，国家自然科学基金学科代码 [OL]. 2020，https：//isisn. nsfc. gov. cn/.

[4] 王庆波，等. 虚拟化与云计算 [M]. 北京：电子工业出版社，2009.

［5］　Anthony T. Velte，Toby J. Velte，Robert Elsenpeter. Cloud Computing：A Practical Approach［M］. Mc Graw Hill，2010.

［6］　Nick Antonopoulos，Lee Gillam. Cloud Computing：Principles，Systems and Applications［M］. Springer，2010.

［7］　Barrie Sosinsky. Cloud Computing Bible［M］. Wiley Publishing Inc，2011.

［8］　Judith Hurwitz，Robin Bloor，Marcia Kaufman，et al. Cloud Computing For Dummies［M］. Wiley Publishing，Inc，2010.

［9］　王耀力. 基于云架构的存储信息系统研究［D］. 太原理工大学，2012.

［10］　王耀力，张胜，张刚. 商业银行核心系统的服务架构研究［J］. 太原理工大学学报，2011，42（3）：238-240.

［11］　Yaoli Wang，Wenxia Di，Gang Zhang，et al. Research on the Incremental Prototype for Component-based Information System［J］. Journal of Computational Information Systems，2012，8（11）：4725-4733.

［12］　Yaoli Wang，Gang Zhang，Qing Chang，et al. Research on Component-based Core Banking System［J］. Journal of Computational Information Systems，2011，7（10）：3439-3446.

［13］　Yaoli Wang，Gang Zhang，Qing Chang，et al. Component-based Functional Integrated Circuit System design and its straight implementation［C］. Networked Computing，2011，42-47.

［14］　Sanford Friedenthal，Alan Moore，Rick Steiner. A Practical Guide to SysML［M］. Elsevier Inc.，2015.

［15］　Robin Milner. Communicating and mobile systems：the π-calculus. Cambridge University Press，1999.

［16］　Davide Sangiorgi，David Walker. The π-calculus：a Theory of Mobile Processes［M］. Cambridge University Press，2001.

［17］　Matthew Hennessy. A calculus for costed computations［J］. Journal of Logic in Computer Science，2011，7：1-35.

［18］　Xiaojuan Cai，Yuxi Fu. The λ-calculus in the π-calculus［M］. Mathematical Structures in Computer Science，Cambridge University Press，UK，2011.

［19］　F. Beste. The Model Prover - a Sequent-calculus Based Modal μ-calculus Modal Checker Tool for Finite Control π-calculus Agents［D］. Dept. of Computer Science，Uppsala University，1998. http：//www. it. uu. se/profundis/mwb-dist/ x4. ps. gz.

［20］　江东明，薛锦云. 基于 BPMN 的 Web 服务并发交互机制［J］，计算机科学，2014，41（8）：50-54.

［21］　李凯宁，武淑红，王耀力. 由 MDA/PIM 到 Java 代码的转换及验证［J］. 计算机工程与设计，2017，38（6）：1510-1515，1574.

［22］　王克丽，武淑红，王耀力. 基于统一建模平台的 BPMN 模型业务流程验证［J］. 电子技术应用，2016，42（6）：117-120.

［23］　Brown N C C，Welch P H. An introduction to the Kent C＋＋ CSP Library［J］. Communicating Process Architectures，2003，61：139-156.

［24］　Brown N C C. C＋＋CSP2：A Many-to-Many Threading Model for Multicore Architectures［C］. in Communicating Process Architectures，2007，183-205.

［25］ 高飞，武淑红，王耀力 . 基于 CSP 的多线程自动建模及死锁检测研究［J］. 现代电子技术，2019，42（12）：57-61.

［26］ Yang Liu. Model checking concurrent and real-time systems：the PAT approach［D］. National University of Singapore，2009，https：//scholarbank. nus. edu. sg/handle/10635/17326.

以信息视角探讨林草火灾监测
预警机器人研发人才培养
教学模型

10.1 研究背景简介

10.1.1 历史与现状

　　"十三五规划"提出中国机器人产业主要发展方向包括了加强基础理论和共性技术研究、提升自主品牌机器人和关键零部件的产业化能力。以工业机器人为例，2016 我国精密减速机、控制器及设计、伺服系统以及高性能驱动器等机器人核心零部件大部分依赖进口，而这些零部件占到整体生产成本 70% 以上[1]，表明我国在基础理论与共性技术研究方面与国外发达国家尚存在着差距。

　　2020 年是国家"十三五规划"的最后一年。受益于国家政策大力支持，机器人行业市场规模不断扩大。2015—2018 年我国服务机器人销售额逐年增长，2018 年我国服务机器人市场规模已达 16.5 亿美元。据中国电子学会估计，2019 年中国服务机器人市场规模估计增长至 22 亿美元。据 IFR 统计，我国工业机器人密度在 2017 年达到 97 台/万人，已经超过全球平均水平，预计将在 2021 年突破 130 台/万人，达到发达国家平均水平。2019 年，我国工业机器人市场规模预计达到 57.3 亿美元，到 2020 年，国内市场规模进一步扩大，预计将突破 60 亿美元。

随着机器人产业的发展，迫切需要拥有机器人产业相关知识与技能的高技术人才，而对人才的高等教育培养是输出产业合格人才的关键。以美国麻省理工学院为例，该学校研究人员将机器人系统进行理论抽象，建立了早期机器人构件化模型-积木，即后来的乐高机器人（LEGO Robotics），从而开启了国外机器人建模的普识教育时期。而 MIT 后期开发的系统一直使用乐高作为其机械设计的原型系统[2]。从一个简单模型出发，完成大学甚至下至高中、初中小学阶段的机器人普识教育与动手能力培养，而在研究生阶段则可顺利进入更高层次的理论研究与实践探索。国外这种机器人教育与人才培养模式经数十年研究发展已经证明了其有效性。

纵观国内，由于机器人产业在我国起步较晚，尽管国内机器人技术教育开展较早的高校，如哈尔滨工业大学[3]、北京航空航天大学[4]、清华大学[5]等在工业机器人、服务机器人设计与制造方面做了大量工作，培养了大批机器人产业方面优秀人才，但距当前产业规模对人才需求尚存在巨大缺口。

当今的机器人技术综合了多学科的发展成果，涉及信息技术的各个层面。机器人控制技术由 20 世纪 70 年代的感知（Sense）、规划（Plan）、行动（Act）经典层级式循环发展为将环境模型（World model）用于规划的闭环的、反应控制的、混合协调/反应模式（Hybrid Deliberative/Reactive Paradigm）[6]，到如今以云计算为基础设施的众多机器人系统及相应辅助设施等；涉及传感器模型（Sensor Models）、运动学模型（Probabilistic Motion Models）、同步定位与绘图（SLAM）、姿态估计（Pose Estimations）、路径规划（Path Planning）、多机器人协同（Multi-robot collaboration）等技术[7~11]。技术难点与密集程度在不断提升。为此，国内教育工作者进行了大量探索，如战强[12]等通过对美国 5 所高校、国内 6 所高校的调研，总结出规律，并应用于教学内容、教学方式以及实验环节上。颜世周[13]根据本校实际情况，将本科毕业设计作为综合培养学生素质的一个重要途径。周俊波[14]探讨了机器人教学与创新意识培养的相关性等。

林草火灾监测预警所涉及机器人属于林业机器人中的林业生态建设机器人。在林业机器人产业研发人才和平台方面，由于研发技术人员较少，行业科技人才短缺，林业高校和科研院所尚未开设林业机器人系统课程，未建立林业机器人学科，制约了林业机器人的发展[15]。为此，本章以笔者已结题的全国工程专业学位研究生教育指导委员会的研究项目[16]为主线，介绍作者根据现阶段普通高校大学本科教育实际情况，从研究生教育入手，探讨如何兼顾理论与实践应用，在已初步具备了信息理论基础知识前提下，为电子类研究生补充或巩固机器人产业方面基础理论知识，并归纳总结通用程度较强教学模型与实践模式方面研究的心得体会，使其能尽快融入我国机器人产业开发生产过程中。

10.1.2　研究目标

针对电子类研究生，在学习研究与工程实践自主机器人过程中出现的技术门槛高、无法快速掌握其基础理论知识等问题，分析了自主机器人系统架构及其组成要素，设计反映电子类研究生知识背景的教学系统需求模型，构造基于划分自主机器人系统边界的学习与研究用例及功能构件模块，以此连接教育系统需求与自主机器人系统构件；实现基于自主机器人理论模型和实践模型的教学系统模型，完成基于学生知识结构的初、中、高三级教学与实践模型设计，以此作为培养模式的基础。

主要研究目标为：

（1）为缩小研究生信息学基础理论与掌握自主机器人核心技术理论与实践的差异，构建基于学生知识结构的初、中、高三级教学与实践模型并实施。

（2）通过建设校内外联合培养基地，解决在研究生人才培养方法中主要存在的将最优化与概率思想融入学生的基础知识理论体系、跟踪初期实践产品等自主机器人理论与实践教学与科研问题，以此提升研究生掌握基础理论与核心技术能力，进一步培养学生创新精神，提高科技创新能力，为创新提供高素质人才与技术支撑为研究目标。

研究背景是项目组对机器人核心技术包括人机交互、导航及路径规划、多机器人协同、人工智能、云计算等的大量前期研究工作，取得了初步成果。在机器人等复杂信息系统架构设计方面，建立了基于可计算架构问题求解模型，提出了基于构件的云计算设计、实现及形式化验证方法。形成机器人复杂信息系统研究的两个成果：系统流程形式化验证与系统实现形式化验证等，有着较丰富教学与研究经验。

10.1.3 关键点

本项目是理论与实践结合的教学课题，项目解决了如下教学与实践问题。

10.1.3.1 基于最优化理论教学

最优化理论涉及计算智能、数据挖掘等，其在生物医学、音视频处理、模式识别、无线网络、机械加工等工程领域获得广泛应用。建立最优化理论教学模型，让学生迅速掌握运用最优化理论知识于自主机器人设计则是尤为关键。而解决机器人信息采集、处理、控制闭环的关键在于数据流的分析与处理，概率模型是其中的关键分析工具。

10.1.3.2 跟踪初期产品实践教学

如何改进初期产品，如何完成研究生教学中的理论-实践-理论的循环式知识体系的深化过程，建立初期产品实践教学模型，是建设联合培养基地模式的任务之一。

10.1.4 主要特点

针对上述关键问题，本课题在以下几方面进行研究并取得了相应成果。

10.1.4.1　建立自主机器人理论普识教学模型

普识教学模型由初、中、高三级构成，分别由自主机器人理论模型、自主机器人产品模型导出普识教学模型，其中凸优化理论[17]位列其中，形成一个由浅入深的理论学习与教学层次。

10.1.4.2　建立自主机器人理论概率教学模式

运用普识教学模型，将引进的国外教材[17,18]按教学模型顺序重新编排，使学生初步掌握了基于贝叶斯准则信息采集、传感器模型、状态估计处理等，初步验证了概率教学模型的实施效果。

10.1.4.3　建立自主机器人实践教学模式

通过建设合作培养基地，将实验室成果与产品应用对接，完成机器人理论-实践循环过程。

10.2　研究与教学系统需求

10.2.1　项目总体框架

本项目以自主机器人理论与实践方向的电子类专业研究生培养为研究对象，建设联合培养基地为技术手段，以解决自主机器人理论与实践在研究生培养方法中主要存在的问题为研究内容，以此达到缩小研究生信息学基础理论与掌握自主机器人核心技术理论与实践差异，进一步培养学生创新精神，提高科技创新能力，为科技创新提供高素质人才、知识和技术支撑为研究目标。图 10-1 为本项目总体框架。

项目总体框架研究内容部分涉及：

① 研究生入学阶段所具备的信息学理论基础；

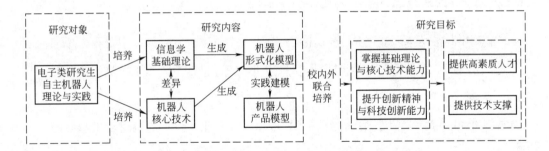

图 10-1　项目总体框架结构示意图

② 自主机器人感知、认知、执行三大核心领域信息学理论基础；

③ 自主机器人理论模型到产品模型直至产品的转化关系。

通过分析项目研究内容，可定义项目教学系统需求。

10.2.2　信息学基础理论与自主机器人核心理论

10.2.2.1　电子类专业与现代信息领域

图 10-2 给出了现代信息领域与电子类专业关系示意，可以看出电子类专业的大学本科教育即电子类专业研究生入学阶段已基本具备了信息学基础理论知识。

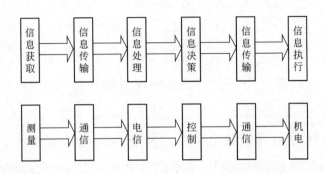

图 10-2　现代信息领域与电子类专业对应关系

10.2.2.2 自主机器人核心领域信息学基础

自主机器人感知（Perception）、认知（Cognition）、执行（Action）三大核心领域的信息学基础即为信息获取、信息决策、信息执行，其间涉及内容庞杂。

以下我们给出国外著名高校机器人专业研究生课程（Master's Degree in Robotics）大纲说明。

（1）感知核心课程（Perception Core Courses）

① 计算机视觉（Computer Vision，CV）。涵盖内容包括：影像信息与表达，摄像头成像几何形状与校准，多尺度分析，图像分割，轮廓和区域分析，能源为基础的技术，基于立体视觉的重建，阴影和运动，3-D 表面描述与投影，以及使用统计和基于模型技术的目标与场景的分析与辨识。

② 传感与传感器（Sensing and Sensor）。与国内教学内容相近，介绍从略。

（2）认知核心课程（Cognition Core Courses）

① 人工智能（Artificial Intelligence，AI）。介绍机器人技术、制造和工程学科人工智能定制算法和应用。重点关注现代数值方法对 AI 和机器人技术的实现，包括贝叶斯网，经典决策理论问题，如调度，优化和马尔可夫系统的学习控制。详细介绍运动规划和空间推理，神经网络，定性推理和模糊逻辑。

② 机器学习（Machine Learning，ML）。机器学习涉及如何通过实践自动提高计算机程序性能。包括从不同视角的理论和机器学习实践。内容包括学习决策树、神经网络学习、统计学习方法、遗传算法、贝叶斯学习方法、基于解释的学习、强化学习。课程内容包括理论概念（如归纳偏差）、PAC 和错误边界的学习、最小描述长度原则、奥卡姆剃刀。编程任务包括动手用各种学习的算法实验。典型任务包括人脸识别的神经网络学习和从信用记录数据库学习决策树。

（3）执行核心课程（Action Core Courses）

① 运动学，动力系统和控制（Kinematics，Dynamic Systems，and Control）。分析、设计和控制机器人机构基本概念和工具。内容包括运动学基础、机器人机构运动学、基本系统理论概述、动力系统控制。高级课题包括运动规划和防撞、自适应控制和混合控制。

② 机械操纵（Mechanics of Manipulation）。机械臂运动学，任务驱动的机械臂静态与动态交互，重点介绍使用运动约束、重力和摩擦力等算法。基于力学的自动路径规划。制造等领域的应用实例分析。

10.2.2.3　自主机器人核心领域数学基础

以下我们给出国外著名高校机器人专业研究生课程（Master's Degree in Robotics）大纲说明。

数学基础核心课程（Math Foundations Core Course）

机器人数学基础（Mathematical Fundamentals for Robotics）

课程涵盖应用数学（Applied Mathematics）选定的主题。涵盖议题包括：多项式插值和逼近；非线性方程组求解；多项式的根；正交函数逼近方法，如傅立叶级数；优化（Optimization）；变分法（Calculus of Variations）；概率；微分方程的数值解。

10.2.2.4　信息学基础理论与自主机器人核心理论差异

连接信息学基础理论与自主机器人核心理论之间的桥梁是形式化建模，其间涉及最优化理论、概率与随机过程理论等。因此，解决二者的理论差异的入手点是如何将最优化与概率思想融入学生基础知识理论体系中，以此作为教学系统需求之一。

10.2.3　自主机器人理论与产品

从目前服务机器人与工业机器人常见产品形态看，可大致分为完全约束与非完全约束两种实现形态。具体表现为轮式、旋翼式、多自由度机械臂机器人等。以非完全约束轮式机器人为例，轮式机器人行走的理论距离与实际行走距离受其实现形态中路面状况、轮胎充气与否、测量累计误差等影响。如何将理论模型与概率模型有机结合，在教学研究中帮助学生建立正确分析测量观念将是解决理论与实践环节的关键，以此作为教学系统需求之二。

10.2.4　自主机器人产品实践

自主机器人产品初期形态往往与用户需求存在差距。弥补措施是通过不断完善产品性能指标以最大限度地满足用户需求。通过建立学校内外联合培养基地，可作为自主机器人产品实践建模的出发点与落脚点。但如何跟踪初期产品，如何长期验证仿真与实测结果，是自主机器人产品的教学实践当中需解决问题之一，也是教学系统需求之三。

10.2.5　小结

为达到缩小研究生信息学基础理论与自主机器人核心技术理论与实践差异的学习与教学需求，本节讨论了教学系统须满足的三个需求。

10.3　自主机器人教学与实践模型

在分析所构建教学系统应满足三个需求的基础上，根据国内课程体系特点，项目组分析了自主机器人组织结构，通过划分所研究自主机器人的系统边界，构建了自主机器人理论与实践的三级普识教学与实践模型。

10.3.1　系统边界

本文以车辆系统（Ground Vehicle System，GVS）人机环境交互为例，分析自主机器人系统划分与教学建模问题。

以车辆系统人机交互环境为例，我们将系统划分为驾驶员、车体、环境三个部分。如图 10-3 所示。表 10-1 为车辆系统与自主机器人系统的对应关系。

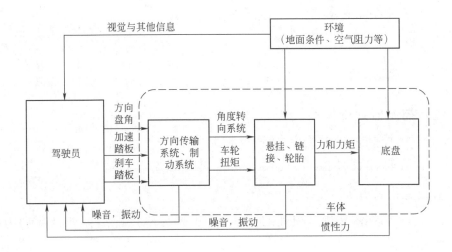

图 10-3　车辆系统人机交互图

表 10-1　车辆系统与自主机器人系统对应关系

项目	车辆系统	自主机器人系统
车体	由底盘、悬挂、方向与制动子系统等构成的汽车平台	轮式平台车体、飞行器平台机体、潜航器平台艇身
驾驶员	人	驾驶系统(智能部分)
环境	地面条件、空气阻力等	地面/空中/水下条件、空气/水流阻力等

10.3.2　控制模型

在车辆系统中，驾驶员、车体、环境构成了一个闭环控制系统。我们对应地将自主机器人系统的驾驶系统建模为控制器（Controller）模型，各式平台体身建模为工厂（Plant）模型，环境则对应各种外部条件。图 10-4表达了控制器与工厂的闭环控制关系图。

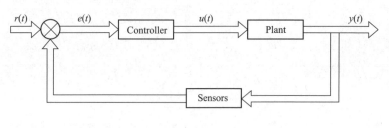

图 10-4 闭环控制系统

10.3.2.1 理论模型

（1）控制器理论模型

① 经典控制理论模型：如 PID 控制等。

② 现代控制理论模型：如 Kalman 滤波参数估计等。

基础是最优化理论。

（2）工厂理论模型 物理的车体/身建模为质点模型：如计算动力学、运动学方程。

（3）环境理论模型

① 已知环境因素，如假设摩擦力大小等。

② 忽略环境因素的影响，如假设地面平整、无空气阻力等。

10.3.2.2 产品模型

（1）考虑环境因素的控制器产品模型

① 经典控制理论模型：如各种噪声环境下的 PID 控制等。

② 现代控制理论模型：如扩展 Kalman 滤波参数估计等。

基础是最优化理论。

（2）工厂产品模型 物理的车体/身建模为考虑尺寸刚体模型：如计算动力学、运动学方程。

（3）环境产品模型

① 已知环境因素统计特性，如假设摩擦力随机分布等。

② 未知环境因素统计特性，如陌生环境等。

10.3.3 教学系统模型

由控制模型的理论模型、产品模型导出本项目教学与实践模型。根据理论模型、产品模型对应理论知识的层次，考虑学生的知识结构特点，以及培训时间等约束因素的影响，将教学模型大致分为初、中、高三级。

（1）初级教学实践模型 由控制器的经典控制理论模型、工厂的质点动力学、运动学方程模型组成，应用于研究生教育第一学年初、中期。

（2）中级教学实践模型 中级教学实践模型由控制器的现代控制模型、涉及模型内部结构的工厂质点动力学、运动学方程模型组成，应用于研究生教育第一学年后期与第二学年初期。

（3）高级教学实践模型 由控制器的最优化理论及人工智能组成现代控制模型、涉及环境模型的工厂产品模型组成，应用于研究生教育第二学年中、后期。

10.3.4 小结

本节通过划分自主机器人系统组成要素边界，将机器人系统组成要素建模为控制模型组成要素，然后根据控制模型的理论模型与产品模型对应理论知识的层次，得到教学系统模型。

10.4 联合培养模式

项目组与校外单位合作建立联合培养基地，以轮式服务机器人项目产品研发驱动，检验教学模型与联合培养模式的实施效果。

10.4.1 产品需求驱动

以研发轮式服务机器人产品样机为例，说明指导教师与研究生完成从用户需求分析到产品样机设计任务。

10.4.1.1 知识背景

研究生已完成初、中级教学实践模型培训，初步具备导入高级教学实践模型的基础。

10.4.1.2 项目分工

教师负责：服务机器人项目需求分析与架构设计。

合作方负责：产品应用咨询、现场测试支持、产品使用情况反馈等。

研究生负责：

① 感知模块，图像特征采集算法研制，用于环境地图绘制与避障研究。

② 控制模块，用优化理论改进控制算法、如 Kalman 滤波姿态估计。

③ 车体模块，产品样机的车体设计与路径规划实验。

10.4.1.3 实施效果

研究生根据研究与实践成果发表相关论文与试制成功产品样机，初步验证了理论模型到产品模型的有效性。

10.4.2 产业需求驱动

为适应国家机器人产业"十三五"发展规划，及中国制造 2025 对智能制造与机器人产业对人才的迫切需求，要求高校从机器人产品的设计研发、智能制造与制造机器人实用化产品各个环节在人才培养、实践环节等方面进行创新性教改研究。而联合培养基地就是检验制造机器人实用化产品的"岗前"培训基地。

10.4.3　小结

建设联合培养基地，目的是为了解决在研究生人才培养方法中主要存在的自主机器人理论与实践教学与科研脱节问题。以产品需求驱动提升研究生掌握基础理论与核心技术能力，以产业需求驱动培养学生创新精神，提高科技创新能力。

10.5　实施与效果评价

10.5.1　完成的主要工作

完成的主要工作：

（1）针对研究生教育初级阶段特点，建立并实施初级教学实践模型

为实施初级教学模型，我们从 2016 级研究生入学开始，进行针对性培训（40 学时理论＋10 学时实验），使学生系统地掌握了动力学基础、车辆性能建模、电力传动系统建模、纵向速度控制、制动和防滑控制、控制架构、转向运动学、控制操作与方向稳定性、机器视觉初期等教学内容。从已培训的四届学生实验完成情况看，教学效果良好，反映了初级教学实践模型的基础有效性。

（2）针对研究生教育中高级阶段，建立并实施中高级教学实践模型

实施从 2014 级共 6 届研究生的教学与科研中，发表了压缩感知算法基础理论扩展、凸优化理论应用、飞行器平台与车辆平台产品模型设计、计算智能相关论文共 40 余篇，同时提交联合培养基地生产的产品样机也是作为检验教学实践模型的成果之一。

10.5.2　效果评价

本项目设计的三级模型对应于抽象理论、理论与实践过渡、实践产品的三个阶段，是一种由浅入深、由表及里的认识与实践过程，符合教学与认知规律，从现有实施对象观察，教学效果良好。

思考题
----

1. 本章现代信息领域与电子类专业对应关系图说明了什么？

2. 自主机器人系统边界划分的目的是什么？与闭环控制系统的对应关系是什么？

3. 简述三级教学系统模型的内容。

参考文献

［1］　中经汇成．我国机器人产业发展现状及趋势［OL］．http：//mp．weixin．qq．com/s？＿biz＝MjM5MzU4MjYyNA＝＝＆mid＝209088608＆idx＝1＆sn＝553b10b576b511f5ab6bc1e510148189＆3rd＝MzA3MDU4NTYzMw＝＝＆scene＝6♯rd.2015.

［2］　Jonathan Knudsen. Lego MindStorms：Lego and MIT［O］．http：//archive．oreilly．com/pub/a/network/2000/01/31/mindstorms/index1b．html.

［3］　哈工大机器人研究［OL］．http：//www．hitrobotgroup．com/index．asp？act＝obotics＆id＝61.

［4］　北航机器人研究所［OL］．http：//www．robots-edu．com/show-1480．html.

［5］　机械电子工程研究所［OL］．http：//me．tsinghua．edu．cn/publish/jxx/8869/index．html.

［6］　Cyrill Stachniss，Wolfram Burgard，Maren Bennewitz，et al. Robot Control Paradigms Introduction to Mobile Robotics［M］．http：//ais．informatik．uni-freiburg．de/teaching/ss10/robotics/slides/02-paradigms.pdf.

［7］　Davenport M A，Duarte M F，Eldar Y C，et al. Introduction to Compressed Sensing，in Compressed Sensing：Theory and Applications［M］．Cambridge University Press，2012.

［8］　Steven M LaValle. Planning Algorithms［M］．Cambridge University Press，2006.

［9］　Antoniou，Andreas，Lu Wu-Sheng．Practical Optimization，Algorithms and Engineering Applications［M］．Springer，2007.

［10］　Sebastian Thrun，Wolfram Burgard，Dieter Fox．Probabilistic Robotics［M］．MIT Press，2005.

［11］ 王田苗，刘达，胡磊．医用外科机器人［M］．北京：科学出版社，2019．

［12］ 战强，闫彩，霞蔡尧．机器人教学改革的探索与实践［J］．现代教育技术，2010，20（3）：139，144-146．

［13］ 颜世周．浅谈机器人教学对大学生创新教育的影响［J］．创新教育，2015，（10）：103．

［14］ 周俊波．机器人教学与大学生创新教育［J］．中国科教创新导刊，2013，（32）：14．

［15］ 刘延鹤，傅万四，张彬，等．林业机器人发展现状与未来趋势［J］．世界林业研究，2020，33（1）：38-43．

［16］ 王耀力．建设自主机器人理论与实践的研究生校企联合培养基地项目研究［M］．全国工程专业学位研究生教育指导委员会，2016．

［17］ Andreas Antoniou，Wusheng Lu. Practical Optimization：Algorithms and Engineering Applications［M］. Springer Science＋Business Media，LLC，2007.

［18］ Sebastian Thrun，Wolfram Burgard，Dieter Fox. Probabilistic robotics［M］. The MITPress，2006.